JN022571

多肉植物
アガベ
Agave

靍岡秀明

アガベの魅力 ———— 5

アガベ図鑑 ———— 13

12か月栽培ナビ ———— 55

12か月栽培ナビ

育て方の基本

アガベ栽培 Q&A

[本書の使い方]

本書はアガベの栽培に関して、1月から12月の各月ごとに、基本の手入れや管理の方法を詳しく解説しています。また主な原種・品種の写真を掲載し、その原産地や特徴、管理のポイントなどを紹介しています。

ラベルの見方

イシスメンシス	①
Agave isthmensis	②
耐暑性◎／最低温度 –1℃／★☆☆☆☆	③④⑤
メキシコ（オアハカ州、チアパス州）	⑥
直径20〜40cmの小型種。テワンテペク地峡の低地に自生。葉は表面に粉を吹き、灰青色。ギザギザの縁で基部に向かって細くなる。肌色や葉形は変化に富む。昔からポタトルムとよく混同される。	⑦

① 学名のカタカナ表記または園芸名

② 学名のアルファベット表記

③ 暑さへの強さを◎○△の3段階で表示
　◎……耐暑性に優れている
　○……耐暑性は標準的
　△……耐暑性が低い

④ 生育に必要な最低温度
　（この温度を下回ると枯死するおそれあり）

⑤ 栽培難易度を5段階で表示
　（丈夫でも、きれいに育てるのが難しい場合、
　難易度は高めに表示）
　★☆☆☆☆　とても育てやすい
　★★★☆☆　普通
　★★★★★　とても難しい

⑥ 主な原産地／園芸品種や交配種は作出された国

⑦ 特徴、栽培上の注意点など

アガベの魅力
→5〜12ページ
アガベの素顔や楽しみ方、主な分布域や原産地の環境などを紹介しています。

アガベ図鑑
→13〜51ページ
アガベの原種、交配種、園芸品種のなかから100種類について写真で紹介。それぞれの種の主な原産地、栽培の注意点に関する解説もつけました。

12か月栽培ナビ
→55〜93ページ
1〜12月の月ごとの手入れと管理の方法について初心者にもわかりやすく解説しています。主な作業の方法は、主として適期にあたる月に掲載しました。

育て方の基本
→98〜103ページ
アガベを育てる際に知っておくべき置き場、水やり、肥料や用土など、栽培の基本を解説しています。

アガベ栽培Q&A
→104〜109ページ
アガベの栽培でつまずきやすいポイントをQ&A形式で解説しています。

●本書は関東地方以西を基準にして説明しています。地域や気候により、生育状態や開花期、作業適期などは異なります。また、水やりや肥料の分量などはあくまで目安です。植物の状態を見て加減してください。
●種苗法により、品種登録された品種については譲渡・販売目的での無断増殖は禁止されています。また、品種によっては、自家用であっても増殖が禁止されていることもあるので、葉ざしや株分けなどの栄養繁殖を行う場合は事前によく確認しましょう。
●*Agave titanota*のなかには、発見したオテロ氏の名を取って*Agave oteroi*と近年学名が変更されているものがありますが、まだ整理されていない部分も多いため、本書では*Agave titanota*としました。

Chapter 1

スタイリッシュな株姿が人気のアガベ。
初心者にもおすすめの育てやすい植物ですが、
斑やとげ、葉の色は多種多様。
多肉植物ファンを魅了してやみません。

アガベの魅力

アガベの素顔と楽しみ方

どんな植物?

　人気の多肉植物のなかでも、アガベは近年、特に注目を集め、ファンが急速にふえています。葉の荒々しい形や鋭いとげが醸し出すワイルドさ。一方で、無駄がそぎ落とされ、引き締まった株姿にはスタイリッシュな美しさがあります。

植物学的には?

　アガベはキジカクシ科 (クサスギカズラ科) リュウゼツラン属 (*Agave*) の単子葉植物で、常緑の多年生植物です。リュウゼツラン (竜舌蘭) とも呼ばれます。原産地はアメリカ南西部からメキシコ、中央アメリカ、南米のコロンビア、ベネズエラ、さらにはカリブ諸島などで、約300種が知られています。

　大きさは直径10cm程度の小型種から数mの大型種まであります。成長はゆっくりで、花をつけるまで成熟するには長い年数がかかります。アガベ属の基本種であるアオノリュウゼツランは100年に1度花が咲いたあと、枯れてしまうとされ、「センチュリープランツ」とも呼ばれ、しばしば日本の植物園や公園などでも開花が話題になりますが、実際には数十年で開花する場合がほとんどです。

　生息環境として、砂漠やその周辺を含む乾燥地帯がよくイメージされますが、実際には広い範囲に分布し、原種の半分以上があるとされるメキシコでは、海岸近くから標高2000m以上の高地まで、それぞれの環境に適応した種類が見られます。そのため、種類によって、寒さや暑さに対する耐性はさまざまです。

園芸植物として

　アオノリュウゼツランは大航海時代の16世紀半ばには観賞用として南ヨーロッパに導入され、南北アメリカの各地でも栽培されるようになりました。1753年、植物学者のリンネがアオノリュウゼツランを含む4種を記載し、ギリシャ神話に登場する女性アガウエーから名前を取って、属名を*Agave*としました。

　日本への渡来は、江戸時代後期の天保年間 (1830〜44年) のこと。昭和初期には園芸植物として、すでに趣味家の間で栽培が始まり、戦後のサボテンブーム (昭和30年代) では、150種以上が導入されました。そのなかから優れた株の選抜が進み、日本人の感性に合った繊細な表情や気品をもつ園芸品種が生まれました。

　現在では、世界中の多肉植物の愛好家が栽培を行うほか、アメリカ、メキシコはもちろん、数多くの国々の植物園や庭園などで、景観をつくる重要なガーデンプランツとして植栽されることが多くなっています。

アガベのここに注目！

ジェントリー'ジョーズ'。先細りの緑葉にサメを思わせる大きな鋸歯。

チタノタ'レッドキャットウィーズル'。葉は青みがかり、鋸歯は真っ白で幅広。

注目

1 鋸歯ととげ
marginal teeth and terminal spine

葉の縁を彩る
切れ込みと
先端のとげ

ノコギリの歯のようなギザギザは「鋸歯」と呼ばれ、大きさや切れ込みの深さ、色もさまざま。先端のとげは細くて柔らかいものから太くて堅いものまであり、微妙な曲がりやよじれが豊かな表情を見せる。

マクロアカンサ・ベルデ。丸みを帯びた細長い黄緑色の葉に強烈なとげ。鋸歯は小さく、間があく。

'キュービック'。葉が四角く変異。それぞれの縁に細かい鋸歯がつく。先端のとげは茶色。

パラサナ錦。のたうつようなマーキングと、明るい黄色の斑が一体となって複雑な模様を見せる。

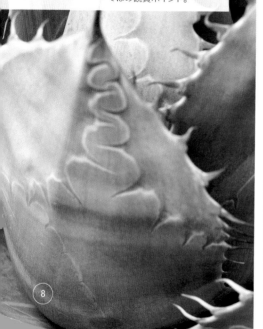

注目 2　マーキング
bud prints

葉の表裏に残る鋸歯の刻印

株の中心部で葉が肥大するとき、葉の鋸歯の形が接する葉に刻印され、あとまで模様として残ることがある。アガベならではの観賞ポイント。

注目 3　ペンキ
white bud prints

白い筋がつくる幾何学模様

葉の縁の白いラインが接する葉の表面に付着して、美しい幾何学模様を生み出す。趣味家の間では「ペンキ」と呼ばれている。

ダルマ笹の雪。舌状の分厚い葉に、白い筋が規則正しく入っている。

滝の白糸。フィラメントが細かく巻いて、華やかな雰囲気を生み出す。

笹の雪黄覆輪。栽培年数は12年を超える。

注目
4

フィラメント
white filament

葉の縁を彩る白い毛

葉の縁に細長い繊維質の白い毛（フィラメント）がくるくると巻いて、独特の美しい装飾を生み出す種類も。日本での選抜種には秀品が多い。

注目
5

ロゼット
rosette

バラの花のように整った株姿

バラの花になぞらえてロゼットと呼ぶ。一枚一枚の葉の健全な成長の積み重ねがあってこそ生まれる造形美。大株になるほど、見ごたえが増す。

上から、ブルーグロー、チタノタ、アルボピローサ。

M.Nagasaki

2019年、久栄ナーセリー（滋賀県彦根市）で開花したアオノリュウゼツラン。栽培を始めてから約50年、庭植えにして30年で開花を迎えた。花茎は高さ約6mに達した。

注目 6 花茎と花
stalk and flower

数十年に1度限りのイベント

株は成熟すると花茎を伸ばし、開花。種類にもよるが、数十年に1度限り。開花後、ほとんどの場合、株は枯死する。花茎は数～10数mに及ぶ場合も。

左／アオノリュウゼツランは花茎から次々と分枝して花がつき、全体として円錐形になる「円錐花序」が特徴。アガベのなかには穂状に花を咲かせるものもある。
右／1つの花が咲くと、6本の雄しべが外に飛び出す。

M.Nagasaki

M.Nagasaki

テキーラの原料アガベ

食用の歴史は長く、メキシコの1万1000年前の遺跡からアガベを焼いて利用した痕跡が発見されている。オルメカ文明（紀元前1200年前から紀元前後）では、すでに特定の種類のアガベから、茎に蓄えられた糖分を採取。シロップにしたり、発酵させてプルケ（どぶろく）にしたりしていたとされる。

16世紀にヨーロッパから蒸留の技術が伝わると、メスカルと呼ばれる蒸留酒が誕生。現在では、ハリスコ州とその周辺で特定の製法でつくられるものが「テキーラ」とされている。用いられる品種はテキラナ・ウェベル・バリエダ・アスル。栽培には年数がかかるが、花茎は伸び始めると、糖分の消耗とコウモリなどを介した交雑を防ぐため、刈り取られる。

鉢合わせで株の個性を生かす

入手したアガベの株がある程度の大きさにまで成長し、鋸歯やとげ、ロゼットなど、種類の性質がはっきりしてきたら、気に入った鉢に植え替えてみましょう。セレクトする鉢しだいで、アガベの個性が見違えるように際立ちます。

よく使われる鉢には、黒マット釉やブロンズ釉のもの、アンティーク調のテラコッタ、石をくりぬいたものなどがあります。アガベには素材感や自然の風合いを強調した鉢がよく合うようです。また最近では、多肉植物の観賞用に独創的な鉢を制作する陶芸家もふえてきています。

もちろん、従来からある古い盆栽鉢、山野草鉢、植木鉢も味わいがありますし、気に入った食器や花瓶など、身の回りの器を転用して、底に排水用の穴をあければ、使うこともできます。基本は、観賞したいアガベよりも鉢のほうが自己主張しないこと。また、株よりも大きすぎるなどして内部に水がたまりやすい形をしていると、アガベの生育が悪くなるので注意しましょう。

ブロンズ釉
＋
王妃甲蟹錦

陶器鉢 白
＋
姫笹の雪

プラスチック鉢
＋
ユタエンシス×
デザーティ

黒マット釉
＋
チタノタ

黒マット釉
＋
ネパデンシス

ブロンズ釉
＋
ブルーグロー

組み合わせはセンスしだい。アガベの放射状に鋭く広がる葉の姿は、曲線を帯びた鉢がよいまとめ役になる。

アガベの分布域

アガベが分布するのは、アメリカ南西部、メキシコを含む中米諸国、南米のコロンビア、ベネズエラ、さらにはキューバ、ハイチといったカリブ諸島など。メキシコ各地には最も多くの種類が自生しています。

アメリカのネバダ州、アリゾナ州、ニューメキシコ州から、メキシコの中央部までは1000～2000mの高地で、比較的乾燥した地帯が続いています。

原産地の環境については、94～97ページ参照。

本書で
取り上げた
アガベの
主な原産地

Chapter 2

アガベ図鑑

人気の種類から比較的希少な種類まで
おおまかなグループごとに
100種類のアガベを紹介します。
荒々しい葉やとげ、フィラメント、白いペンキ、と
移り変わる見どころをお楽しみください。

前列左から、ネバデンシス、スナグルトゥース、五色万代、
後列左から、スーパークラウン、キュービック、チタノタ

原種とその園芸品種

アガベ（リュウゼツラン科）には
約300の原種が知られています。
そのなかから
よく栽培されている原種を中心に、
その園芸品種もあわせて
紹介します。

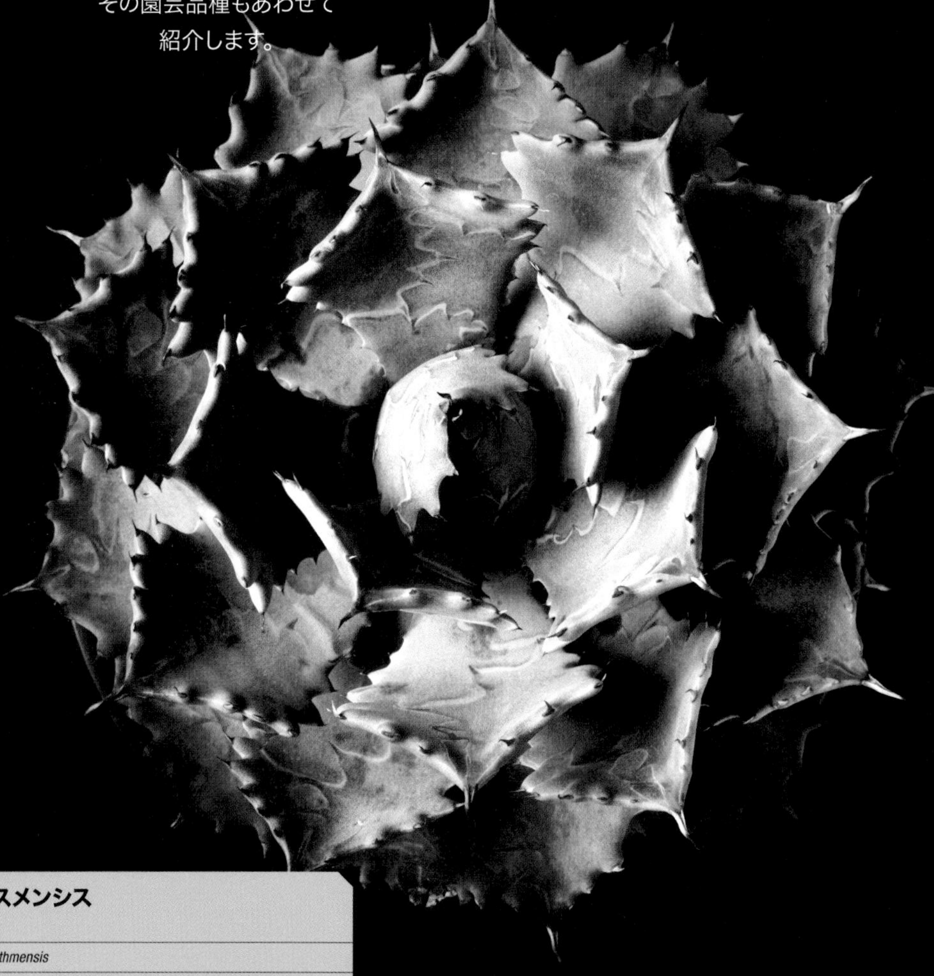

イシスメンシス

Agave isthmensis

耐暑性◎／最低温度 −1℃／★☆☆☆☆

メキシコ（オアハカ州、チアパス州）

直径20〜40cmの小型種。テワンテペク地峡の
低地に自生。葉は表面に粉を吹き、灰青色。ギザギ
ザの縁で基部に向かって細くなる。肌色や葉形は
変化に富む。昔からポタトルムとよく混同される。

姫雷神
<small>ひめらいじん</small>

Agave isthmensis 'Himeraijin'

耐暑性◎／最低温度 0℃

★★☆☆☆

選抜品種

直径12〜15cmの小型種。イシスメンシスの選抜品種として扱われるが、ポタトルムの亜種のサリナクルザナとする見方もある。葉が細かくコンパクトなのが特徴。

白銀
<small>しろがね</small>

Agave isthmensis 'Shirogane'

耐暑性◎／最低温度 0℃／★☆☆☆☆

不明

直径20cmの小型種。イシスメンシスの選抜個体の銘品。白肌肉厚のふっくらとしたダルマ葉でコンパクトな株姿に仕上がる。以前は白銀甲蟹、バルーン雷神、達磨雷神などとも呼ばれていた。

王妃甲蟹錦
<small>おうひがぶとがにしき</small>

Agave isthmensis 'Ouhikabutogani' marginata

耐暑性◎／最低温度 0℃／★★☆☆☆

作出国・台湾

直径20〜30cm。プリンセスクラウンとも呼ばれる。イシスメンシスにクリーム色の覆輪が入った斑入り品種。赤茶色の鋸歯がところどころで連なる。コンパクトなサイズ感で、色彩やバランスもよく美しい。

アトミックゴールド

Agave isthmensis 'Atomic Gold'

耐暑性◎／最低温度 0℃

★★★☆☆

作出国・日本

直径20cm。小田原の愛好家、重田光男氏がイシスメンシス'雷帝'の一筋の斑入り種を入手し、20年をかけてクリームイエローの覆輪を固定させた極美株。2017年8月に雷帝錦'ATOMIC GOLD'と命名。サイズ感、色彩、バランスのいずれにも優れる。

楊貴妃

Agave isthmensis 'Youkihi'

耐暑性○／最低温度 3℃／★★★☆☆

作出国・日本

直径15〜20cmの小型種。姫雷神のうち、黄縞斑の極上の株。斑色は安定せず、個体によりさまざまな模様になる。なかには中斑も出現しているが、縞斑のものを楊貴妃と名づけている。

王妃雷神錦 白中斑

Agave isthmensis 'Ouhi Raijin' mediopicta alba

耐暑性○／最低温度 0℃／★★☆☆☆

作出国・日本

直径12〜15cm。日本で20年前ぐらいに作出された小型アガベの銘品。白が鮮明な中斑。葉は肉厚でふっくらとしたダルマ葉。開花例は知られていない。

キュービック

Agave 'Cubic'

耐暑性◎／最低温度 0℃

★★☆☆☆

作出国・アメリカ

直径25〜30cm。2010年ごろにアメリカから日本に導入。葉が突然変異で四角くなっている。先端の鋭いとげが強調され、威圧感がある。原種はポタトルムと記載されることも多いが、とげの感じからは吉祥冠のモンストローサと思われる。

ベルシャフェルティ錦、怒雷神錦

Agave potatorum var. *verschaffeltii* marginata

耐暑性◎／最低温度 0℃／★★☆☆☆

作出国・アメリカ

直径50〜60cm。アメリカから日本に導入。標高1200〜2100mに自生するベルシャフェルティの黄クリーム覆輪種。葉は白い粉を吹き、幅広の菱形で立ち上がる。覆輪の内側にも縞模様が入る。

ホワイトエッジ、アイスクリーム

Agave potatorum 'Eye Scream'

耐暑性○／最低温度 0℃／★★☆☆☆

作出国・アメリカ

直径30〜50cm。アメリカから導入され、日本ではホワイトエッジの品種名で流通。葉はクリーミーな黄色の幅広い覆輪によって縁取られて美しい。近年、アイスクリームという名前でも呼ばれている。

吉祥冠 白覆輪
きっしょうかん しろ ふくりん

Agave 'Kisshoukan' marginata

耐暑性◎／最低温度 0℃

★★☆☆☆

作出国・日本

直径50〜80cm。右下の'吉祥冠'にクリーム色の美しい覆輪が入った人気の品種。真夏に直射日光が当たると斑の部分が茶色く日焼けすることがあるので、少し遮光すると発色がよい。

スーパークラウン

Agave 'Super Crown'

耐暑性○／最低温度 3℃／★★★☆☆

作出国・日本

直径30〜50cm。愛知県の曽田植物園で出現した吉祥冠の白覆輪タイプの枝変わり。全体的につや葉で、斑色も鮮明。葉は柔らかく、表皮も薄いため、従来のものと比べると真夏の直射日光や冬の寒さに1段階弱い。

吉祥冠
きっしょうかん

Agave 'Kisshoukan'

耐暑性◎／最低温度 −3℃／★☆☆☆☆

作出国・アメリカ

直径60〜80cm。日本では昔から普及。吉祥天（19ページ参照）の輸入に混ざって渡来したとされる。「吉祥冠」は幸福、幸運の冠の意。つやのある赤茶色の短い鋸歯が魅惑的。非常につくりやすく丈夫。

パリー、吉祥天(きっしょうてん)

Agave parryi var. *huachucensis*

耐暑性◎

最低温度 −10℃

★★☆☆☆

アメリカ(アリゾナ州)、
メキシコ(ソノーラ州)

直径30〜60cm。白く粉を吹いたシルバーブルーの葉に黒いとげのコントラスト。ハスの花を思わせる株姿。日本には昭和初期から導入。低温にも高温にも耐える。梅雨時期は必ず風通しを図る。関東地方近郊では庭植えのほうが調子よい。

吉祥天錦(きっしょうてんにしき)

Agave parryi var. *huachucensis* mediopicta

耐暑性◎／最低温度 −10℃／★★★☆☆

作出国・アメリカ

直径30〜60cm。吉祥天の斑入り種だが、なかでも淡い黄緑色の中斑タイプを特に'吉祥天錦'と呼んでいる。

トルンカータ

Agave parryi var. *truncata*

耐暑性◎／最低温度 −7℃／★★☆☆☆

メキシコ(ドゥランゴ州、サカテカス州)

直径30〜60cm。パリーの地域変種。古くから日本に導入。フレキシスピナの名で流通していたが間違い。吉祥天にそっくりだが、丸々とした短葉できれい。耐寒性は非常に強いが、下葉は蒸れに少し弱い。

チタノタ

Agave titanota

耐暑性○／最低温度 0℃

★★★☆☆

メキシコ
（オアハカ州、プエブラ州）

直径30〜90cm。鋸歯が非常に特徴的。葉と鋸歯のフォルムには地域差があり、バリエーションが豊富。近年、一番人気のアガベだが、交配種か地域差による亜種や変種か不明のものも多い。魅力的なだけに集め始めると泥沼にはまる。

SPナンバーワン、農大ナンバーワン

Agave titanota 'SP No.1'

耐暑性○／最低温度 0℃／★★★☆☆

メキシコ（オアハカ州、プエブラ州）

直径30〜60cm。東京農業大学に入った輸入株につけられた整理番号が呼称に。肥料を少なく、培養土は粗く、風通し重視で育てると球形に整っていく。環境バランスがくずれると間のびする。

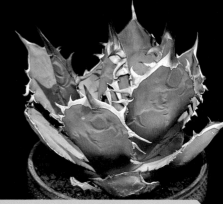

シエラ・ミクステカ、FO-076

Agave titanota Sierra Mixteca / FO-076

耐暑性○／最低温度 0℃／★★★☆☆

メキシコ（オアハカ州北部）

直径50〜100cm。緑の葉にうねるような鋸歯。2019年に別種のオテロイとして登録（oteroiについては4ページ参照）。発見者の名から'フェリペ・オテロ'とも。'SP ナンバーワン'もこの系統か。原産地では雑交配もある。

ブラックアンドブルー

Agave titanota 'Black & Blue'

耐暑性○／最低温度 0℃／★★★★☆

園芸品種

直径30〜50cm。オアハカ州テピティゾンガ近くで収集されたタネからケリー・グリフィン氏が作出。淡く青みがかった灰色の葉と黒の鋸歯の対比が魅力的。丈夫だが美しい球形を保つのは難しい。

スーパーチタノタ

Agave titanota 'Super Titanota'

耐暑性○／最低温度 0℃

★★★★☆

作出国・イタリア

直径30〜50cm。原産地とは離れた地中海のシチリア島で見つかったチタノタの選抜個体を繁殖させたもの。真っ白の鋸歯が強烈なインパクトを与える。近年、著者が見たもののなかではトップクラスの良品種。

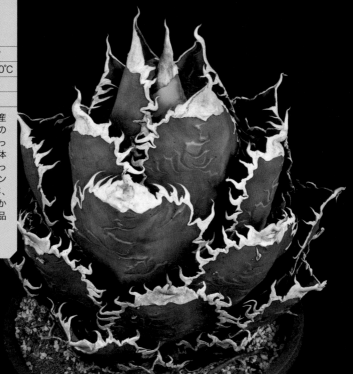

レッドキャット
ウィーズル

Agave titanota 'Red Catweezle'

耐暑性○／最低温度 0℃

★★★★☆

作出国・オランダ

直径20〜30cm。小型種。2018年ごろから日本で流通。ジェラルド・ゲリング氏の作出。赤みを帯びた強い鋸歯と緑色の葉肌とのコントラストが抜群。新葉は鮮やかな緑で、強光で赤みを帯びる。

ホワイトアイス

Agave titanota 'White Ice'
耐暑性○／最低温度 2℃／★★★☆☆
選抜品種

直径40〜60cm。シエラ・ミクステカ（20ページ参照）系のフォルムで、ランチョ系（チタノタなど）のブルーグレーの葉。その交配種からの選抜か。同じチタノタの白鯨と比べるとボディの白さがよくわかる。

チタノタ錦、SPナンバーワン 黄覆輪

Agave titanota 'SP No.1' marginata
耐暑性○／最低温度 0℃／★★★☆☆
選抜品種

直径30〜40cm。'SPナンバーワン'（20ページ参照）と呼ばれている個体の薄めの黄覆輪。古い株になると、下葉の黄色い斑の部分が茶色く変化することがある。

スナグルトゥース

Agave titanota 'Snaggletooth'
耐暑性○／最低温度 0℃／★★★☆☆
選抜品種

直径30〜40cm。チタノタの鮮明な黄覆輪。2018年ごろより日本で流通し始めた珍品。コンパクトによくまとまる。

チタノタ錦 中斑（季節斑）

Agave titanota mediopicta
耐暑性○／最低温度 0℃／★★★☆☆
選抜種

直径25〜30cm。チタノタの季節斑、中斑タイプ。初夏までは斑の色がより際立つが、夏場はグリーンの葉が続く。似た個体で'ソーラー・エクリプス'という品種もある。同一のものかは不明。

ネバデンシス錦

Agave utahensis
var. nevadensis marginata

耐暑性△／最低温度 0℃

★★★☆☆

原種はアメリカ
（カリフォルニア州、
ネバダ州）

直径30～40cm。ユタ
エンシスの変種ネバデ
ンシスの黄クリーム覆
輪タイプ。この株のよう
に鮮明な斑色は珍しい。
ユタエンシスの仲間は
全体に寒さに非常に強
いが、この斑入り種は寒
さに弱いので冬の管理
に注意。

エボリスピナ

Agave utahensis var. *eborispina*

耐暑性△／最低温度 −10℃／★★☆☆☆

アメリカ（ネバダ州）

直径30～50cm。標高1000～1500mの乾燥し
た石灰岩の斜面に自生。特に寒さに強い。多湿に弱
く、春秋型で栽培。葉は緑色で先端のとげは長く、
白く太いもの、陽炎形のものなど、変異が幅広い。

ネバデンシス

Agave utahensis var. *nevadensis*

耐暑性△／最低温度 −10℃／★★☆☆☆

アメリカ（カリフォルニア州、ネバダ州）

直径40～60cm。ユタエンシスの変種ではカイバ
ベンシスが最大で、このネバデンシスが最小とさ
れるが、大きい個体もある。日本では青白い肌に
黒い鋸歯の個体を「青磁炉」と呼び、人気がある。

ホリダ

Agave horrida ssp. *horrida*

耐暑性◎／最低温度 −1℃

★★★☆☆

メキシコ
（サン・ルイス・ポトシ州、
プエブラ州、ベラクルス州、
メヒコ州、モレロス州）

直径30〜60cm。人
気の高い中型種。標高
2200m前後の火山の
斜面などに自生。葉は
光沢のある濃緑色で縁
が反り返る。鋸歯は幼
株では茶褐色、成株は
アッシュグレーで牙の
ようになる。葉は薄く、美
しいロゼットを形成。

ペロテンシス

Agave horrida ssp. *perotensis*

耐暑性◎／最低温度 −1℃

★★☆☆☆

メキシコ
（サン・ルイス・ポトシ州、
プエブラ州、ベラクルス州）

直径30〜60cm。原産
地は岩の多い場所。ホ
リダの亜種でわずかに
大きい。緑色の葉はより
濃く、細身で長く堅い。
生育すると数多くの葉
が密に集まったロゼッ
トをつくる。

ジェントリー
'ジョーズ'

Agave gentryi 'Jaws'

耐暑性○／最低温度 0℃

★★☆☆☆

メキシコ（ヌエボ・レオン州
ほか、北部から中部）

直径100〜180cm。
1990年代後半に標高
約2500mの山岳地帯
で発見。光沢のある緑
葉が立ち上がり、葉の
縁の模様（マーキング）
と大きな鋸歯からはサ
メが口を広げた姿を連
想させる。強光に耐え
るが、真夏は遮光が必
要。

ドラゴントウズ

Agave seemaniana
ssp. *pygmae* 'Dragon Toes'

耐暑性○／最低温度 0℃

★★☆☆☆

原種はメキシコ

メキシコ（チアパス州、
オアハカ州）、グアテマラ、
ホンジュラス

直径30〜40cm。原種
は標高約1000mの石
灰岩地に自生。選抜品
種で近年、日本に導入。
生育が早く、育てやす
い。品種名は竜のつま
先の意。葉は粉を吹き、
青緑色で幅広。赤褐色
の鋸歯が美しい。葉先は
霜焼けを起こしやすい。

ジェスブレイティー、帝釈天

Agave ghiesbreghtii

耐暑性◎／最低温度 −3℃

★★★☆☆

メキシコ（メヒコ州、
チアパス州、ゲレーロ州、
オアハカ州）、グアテマラ

直径60〜70cm。日本
で帝釈天と呼ばれる選
抜個体。放射状に伸び
た葉は重厚で堅い。先
端のとげは鋭く、生体を
貫くほど堅い。葉の縁は
ペンキで塗ったような
白い鋸歯。プルプソルム
種と本種は同じかもし
れない。

ジプソフィラ錦、
アイボリーカール

Agave gypsophila
'Ivory Curls'

耐暑性○／最低温度 1℃

★★☆☆☆

原種はメキシコ（コリマ州、
ハリスコ州、ミチョアカン州、
ゲレーロ州）

直径60〜90cm。群生
株は2m超に。クリーム
覆輪の斑入り。株の中
心部から筒状の葉が立
ち上がり、アーチ状に
広がる。葉の縁が波打
つのも魅力。夏の強い
日ざしで斑の部分が焼
けることがある。葉先は
霜焼けを起こしやすい。

ボビコルヌタ

Agave bovicornuta

耐暑性○／最低温度 0℃

★★★☆☆

メキシコ（チワワ州、
ドゥランゴ州、ソノーラ州、
シナロア州）

直径60〜100cm。山
岳地帯に自生する中型
種。葉は鮮やかな緑色
で幅がある。茶色から
赤茶色の大きい鋸歯の
間を、小さい鋸歯が炎
模様のように彩り美し
い。「カウホーン」とも呼
ばれる。

サルミアーナ

Agave salmiana

耐暑性◎／最低温度 −5℃／★☆☆☆☆

メキシコ（コアウイラ州、ドゥランゴ州、サカテカス州、
サン・ルイス・ポトシ州、コリマ州、イダルゴ州、プエブラ州）

直径3〜4m。アメリカーナの仲間と並ぶ巨大アガ
ベ。葉は肉厚で性質も強く、庭植えもできる。原産
地ではアガベシロップの原料として使われている。

グアダラハラナ

Agave guadalajarana

耐暑性◎／最低温度 0℃／★☆☆☆☆

メキシコ（ハリスコ州）

直径60〜80cm。中型種。種小名は地名のグア
ダラハラから。丸みを帯びた葉が魅力的。色はブ
ルーグレーで、コンパクトなロゼットを形成する。
葉の縁に沿って、赤茶色の鋸歯が等間隔につく。

アップラナータ、王妃吉祥天、メリコ

Agave applanata

耐暑性○／最低温度 −5℃／★★☆☆☆

メキシコ（チワワ州、ドゥランゴ州、グアナフアト州、
イダルゴ州、メヒコ州、オアハカ州、プエブラ州ほか）

直径1m。中型種のパラサナ（31ページ参照）に
似ているが、こちらは大型種。日本では王妃吉祥
天、メリコとも。先端の鋭く堅いとげが特徴。

メリコ錦、クリームスパイク

Agave applanata 'Cream Spike'

耐暑性△／最低温度 −3℃／★★☆☆☆

作出国・日本

直径40〜60cm。アップラナータにクリーム色の
鮮明な覆輪。葉は小さく、ロゼットが美しく、先端
のとげとのバランスもよい。夏の蒸れに注意。最
近、クリームスパイクとして逆輸入される。

コロラータ、武蔵坊

Agave colorata

耐暑性◎／最低温度 −5℃／★☆☆☆☆

メキシコ（ソノーラ州北西部沿岸）

直径60〜120cm。武蔵坊などの和名で知られ
る。葉は幅10〜15cmと大きく、青磁色。壺形の
ロゼットを形成し、迫力がある。葉の縁には起伏
のある強い鋸歯がある。水はけがよい土を好む。

コロラータ錦

Agave colorata mediopicta

耐暑性◎／最低温度 0℃／★★☆☆☆

メキシコ（ソノーラ州北西部沿岸）

直径60〜120cm。コロラータの黄中斑。小さい
うちは斑の色は淡いが、徐々に明るくなる。原種
は寒さに強いが、同じように扱うと斑の部分が霜
焼けを起こすので注意。

モンタナ

Agave montana

耐暑性〇／最低温度 −3℃／★☆☆☆☆

メキシコ（コアウイラ州、ヌエボ・レオン州）

直径1.5mにもなる大型種。標高2700mまで自生。葉は鮮やかな緑色。表面に入る鋸歯のマーキングが美しい。先端のとげは赤い。バリエーションが豊富でいくつかのタイプがある。耐寒性が強い。

アトロビレンス

Agave atrovirens

耐暑性◎／最低温度 −3℃／★☆☆☆☆

メキシコ（ゲレーロ州、オアハカ州、プエブラ州ほか）

直径2.5〜4m。最も大きな種類の一つ。重さ2tを超え、葉の長さは4.5mにも。葉はアオノリュウゼツラン（47ページ参照）に似るが、鋸歯は細い。酒竜舌、黒夜叉、黒竜舌などさまざまな和名あり。

デュランゲンシス

Agave durangensis

耐暑性◎／最低温度 −5℃／★★☆☆☆

メキシコ（ドゥランゴ州、サカテカス州）

直径1mにもなる大型種。名前はメキシコの地名から。葉は幅広で青磁色から緑色で美しい。サメの歯を思わせる鋸歯が魅力的。大きく育つと重厚感のあるアガベ。

屈原の舞扇 (くつげん の まいおうぎ)

Agave palmeri ssp. *palmeri* 'Kutsugen no Maiougi'

耐暑性◎／最低温度 −3℃／★☆☆☆☆

作出国・日本

直径約30cm。パルメリーの輸入株からの変異といわれる。シルバーブルーの肌に時折、赤黒いとげが連なる特異個体。原種のパルメリーは高山性で−12℃まで耐えられるが、この個体は−3℃まで。

スカブラ ショートリーフ錦

Agave asperrima ssp. *maderensis* 'Short Leaf' marginata

耐暑性◎／最低温度 −3℃／★★☆☆☆

原種はメキシコ（コアウイラ州）

直径80〜120cm。青みがかった長い剣葉に黄色の鮮明な覆輪。原種のアスペリマは耐寒性が強く、暖地では庭植えも可能。暑さにも強い。スカブラ種とは異なるが、この名が使われることが多い。

セルシー錦、マルチカラー

Agave mitis var. *mitis* marginata

耐暑性◎／最低温度 0℃／★☆☆☆☆

メキシコ（イダルゴ州、サン・ルイス・ポトシ州、タマウリパス州）

直径60〜120cm。中型種で群生を形成。葉はクリーム色の覆輪が入り、上向きに美しく湾曲。先端のとげは比較的柔らかく、葉の縁には茶色い繊細な鋸歯がある。英語名はマルチカラー。

パラサナ

Agave parrasana

耐暑性○／最低温度 −5℃／★★★☆☆

メキシコ（コアウイラ州）

直径50〜80cm。葉は短く幅広で薄く、表面はワックス状で淡いブルーグレー色。しっかりと重なり合ってキャベツのような姿になる。単頭タイプ。新葉の裏側にきれいな痕跡が残る。

パラサナ錦、頼光錦

Agave parrasana marginata

耐暑性○／最低温度 −3℃／★★★☆☆

作出国・日本

直径50〜80cm。パラサナの覆輪品種。明るい黄斑が縁から1cm程度を飾る。和名は頼光錦。燃えるような覆輪から英語名ファイアーボールとも。梅雨時期の長雨や蒸し暑さを特に嫌う。

グエンゴーラ錦

Agave guiengola marginata

耐暑性○／最低温度 1℃

★☆☆☆☆

メキシコ（オアハカ州）

直径1〜1.2m。大型種で群生する。グエンゴーラのクリーム色の覆輪種。明るい緑色の肉厚な葉が横に張り出してロゼットを形成。葉の表皮が非常に薄くて折れやすく、低温になると葉が傷みやすい。

ブラクテオーサ錦

Agave bracteosa marginata

耐暑性○／最低温度 3℃

★★☆☆☆

メキシコ
（ヌエボ・レオン州、
コアウイラ州）

直径約50cm。ブラクテオーサのクリームホワイトの覆輪種で気品がある。葉は槍状で長さ50〜70cm。タコの足のようにアーチ状に広がり、柔らかく折れやすい。鋸歯は微細。柔らかい日光を好むので遮光を。英語名モンテレイフロスト。

アウレア錦

Agave aurea marginata

耐暑性◎／最低温度 −2℃／★☆☆☆☆

原種はメキシコ（バハ・カルフォルニア・スル州）

直径1.5m。アウレアの覆輪の斑入り種。葉は幅2～3cmと細く、長く上へ立ち上がる。大きくなるにつれて、少し茎立ちする傾向がある。草丈は最大2mに達することがある。

ダシリリオイデス

Agave dasylirioides

耐暑性◎／最低温度 0℃／★★☆☆☆

メキシコ（モレロス州）

直径約1m。標高1500～2100mの山岳地帯の火山岩の崖に自生。葉は柔らかく、よくしなる。鋸歯はない。細葉タイプで別属のダシリリオンに似た特異なアガベ。

マルモラータ
‘パピリオ・プラタノイデス’

Agave marmorata ‘Papilio Platanoides’

耐暑性○／最低温度 3℃／★★☆☆

作出国・オランダ

直径約20cm。マルモラータの突然変異で、オランダのジェラルド・ゲリング氏の作出。幅広の葉が平たく展開する姿が独特の矮性品種。名前は丸い葉が緑色のアゲハチョウに見えるところから。

樹氷、トウメヤナ・ベラ

Agave toumeyana ssp. *bella*

耐暑性○／最低温度 −5℃／★★★☆☆

アメリカ（アリゾナ州）

直径約25cm。長さ10～15cmの細葉で、表面にはペンキが入り、縁はフィラメントがある。葉は立ち気味でロゼットを形成。この個体はペンキが濃く、樹氷と呼ばれる。小型で花が咲くのが早い。

マクロアカンサ・ベルデ

Agave macroacantha verde

耐暑性◎／最低温度 −2℃／★★☆☆☆

メキシコ（オアハカ州、プエブラ州）

直径60〜120cm。マクロアカンサは葉の色や長さ、とげの色など個体差が大きい。そのなかでも葉がやや幅広で、緑色が濃いタイプをベルデとしている。

マクロアカンサ'ブルーリボン'

Agave macroacantha 'Blue Ribbon'

耐暑性◯／最低温度 0℃／★★☆☆☆

園芸品種

直径60〜100cm。2007年にナーセリーのオーナー、トニー・アバント氏が品種名をつけた。くすんだ青色の葉にクリーム色の覆輪が入る。とげの黒色を含め、色彩の対比が美しい。子吹きしやすい。

フロストバイト

Agave xylonacantha 'Frostbite'

耐暑性◯／最低温度 0℃／★★★★☆

原種はメキシコ（サン・ルイス・ポトシ州、グアナファト州ほか）

直径30cm。標高約900mの乾燥した石灰岩の斜面や谷に自生。種小名のキシロナカンサは木のとげの意。チェンソーの刃に似た鋸歯をもち、表面はザラザラしてつやがない。クリーム覆輪。

ミルキーホワイト

Agave vivipara 'Milky White'

耐暑性◎／最低温度 0℃／★☆☆☆☆

園芸品種

直径80〜100cm。カクタスニシのオーナー、西雅基氏が導入。糊斑（表面に糊がかかったようにのる斑）が驚くほど白く美しい。成長は早いが、葉が古くなると汚れて茶色になりやすい。

マクロアカンサ

Agave macroacantha

耐暑性◎／最低温度 −2℃／★★★☆☆

メキシコ（オアハカ州、プエブラ州）

直径60～120cm。子株を吹いて群生。葉は幅2
～3cmで細長く、くすんだ青色から黄緑色で美し
い。ロゼットは密でドーム状に。先端のとげは太
く、鉛筆の芯先のよう。

白糸の王妃
<small>しら いと おう ひ</small>

Agave filifera ssp. *schidigera*

耐暑性◎／最低温度 −5℃

★★☆☆☆

メキシコ(ソノーラ州、チワワ州、シナロア州、ドゥランゴ州、ナヤリット州、ハリスコ州、サカテカス州、アグアスカリエンテス州)

直径40〜60cm。細い剣葉に白いペンキの模様が入り、鋸歯の代わりに葉の縁に沿ってフィラメントがつく。葉数の多いロゼットを形成。葉の中央には線状のマーキングがある。

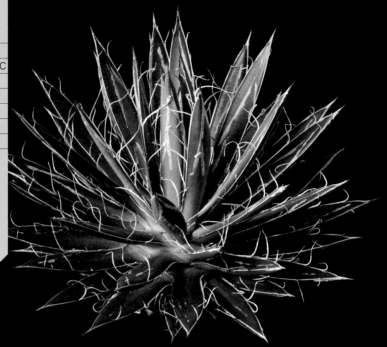

白糸の王妃
黄覆輪

Agave filifera
ssp. *schidigera* marginata

耐暑性◎／最低温度 −5℃

★★☆☆☆

メキシコ(ソノーラ州、チワワ州、シナロア州、ドゥランゴ州、ナヤリット州、ハリスコ州、サカテカス州、アグアスカリエンテス州)

直径40〜60cm。白糸の王妃の黄クリーム色覆輪の斑入り種。通常、斑入り種は寒さや暑さに弱い傾向があるが、この黄覆輪は原種と同様に強い。

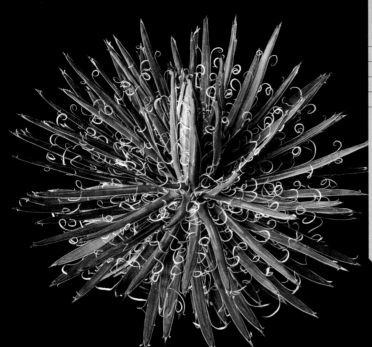

滝の白糸
たきしらいと

Agave × leopoldii

耐暑性◎／最低温度 −5℃

★☆☆☆

園芸品種

直径20〜30cm。密な細い葉の縁にくるくると巻くフィラメントが特徴的。暑さ、寒さに強く、雨にも当てられるので戸外で管理できる。フィリフェラと亜種のシジゲラの交配から生まれた。

ピンキー

Agave filifera 'Pinky'

耐暑性△／最低温度 3℃／★★★★★

園芸品種

直径15〜20cm。王妃笹の雪A型の鮮やかな黄クリーム色覆輪。メキシコで偶然発見。数十年前にアメリカから2株が日本に導入。現在、流通する多くはそのクローン株か。蒸れや強光線に注意。

ピンキー 中斑

Agave filifera 'Pinky' mediopicta

耐暑性△／最低温度 3℃／★★★★★

園芸品種

直径15〜20cm。オランダの生産会社で組織培養を行ううちに出現した株。日本ではまだあまり普及していない希少種で珍品。写真はまだ小苗。左の覆輪のタイプよりやや葉が細い印象がある。

ストリアータ、姫吹上

Agave striata ssp. *striata minor*

耐暑性◎／最低温度 −7℃

★☆☆☆☆

メキシコ
（チワワ州、コアウイラ州、
ヌエボ・レオン州、
サン・ルイス・ポトシ州、
イダルゴ州、プエブラ州、
ケレタロ州、
タマウリパス州）

直径60〜80cm。ストリアータの矮性種。葉は細くて堅く、先端は筒状に。とげは鋭く強い。原産地のストリアータはバリエーション豊か。

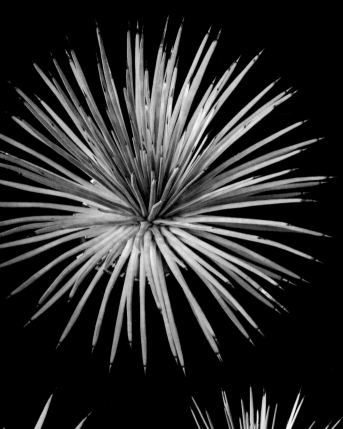

ストリクタ、吹上

Agave stricta

耐暑性◎／最低温度 −7℃／★☆☆☆☆

メキシコ（プエブラ州、オアハカ州）

直径40〜50cm。細いとげのある葉を無数に広げ、緑色のハリネズミのような株姿になる。真夏は葉に少し赤みが出る。暑さ、寒さに強く、丈夫な種類。日本では吹上と呼ばれている。

ナナ

Agave stricta f. *nana*

耐暑性◎／最低温度 −5℃／★☆☆☆☆

メキシコ

直径15〜30cm。ストリクタの矮性品種で、葉も細くて繊細。明るい緑色が特徴。小さいうちから子吹きしやすく、群生株になる。

ジェミニフローラ

Agave geminiflora

耐暑性○／最低温度 −3℃／★☆☆☆☆

メキシコ（ナヤリット州）

直径60〜100cm。葉は細くて丸く柔軟で、濃緑色でなめらかなもの、フィラメントをもつものなどがある。噴水のように葉を密に伸ばし、ロゼットを形成。水やりで見栄えがよくなるので夏も多めに。

姫乱れ雪 中斑

Agave parviflora mediopicta

耐暑性△／最低温度 −3℃

★★★★☆

原種はアメリカ
（アリゾナ州南部）、
メキシコ（ソノラ州北部）

直径20cm。アガベで
最もコンパクトな原種
の斑入り。白クリーム斑
（写真）と黄斑がある。
開花はほかの種類よ
りも早い。エボリスピナ
（24ページ参照）と同様
春秋型。夏場の蒸れに
注意。

レチュギラ錦 黄覆輪

Agave lechuguilla marginata

耐暑性◎／最低温度 −5℃／★☆☆☆☆

原種はアメリカ（テキサス州）、メキシコ北部〜中部

直径30〜80cm。レチュギラはスペイン語で「小さ
なレタス」の意。チワワ砂漠の環境を特徴づける指
標植物。黄覆輪が美しいが、葉は細長く、まっすぐ
上に立つ。斑入りにもかかわらず、寒さには強い。

レチュギラ錦 白覆輪

Agave lechuguilla albomarginata

耐暑性◎／最低温度 −5℃／★★☆☆☆

原種はアメリカ（テキサス州）、メキシコ北部〜中部

レチュギラの白覆輪の斑入り。氷山（44ページ参
照）と並ぶくらい白が美しい。やはり葉は細長く、
まっすぐ上に立ちやすい。寒さには強いが、概して
白斑は黄斑に比べて若干デリケートになる。

五色万代、
ロファンサ錦
（ごしきばんだい）

Agave lophantha marginata
Agave lophantha 'Quadricolor'

耐暑性○／最低温度 0℃

★☆☆☆☆

作出国・アメリカ

直径25〜60cm。原種はアメリカ・テキサス州からメキシコ中部にかけて分布。濃い緑色の葉が黄斑で縁取られ、中央に淡緑色が入る。縁は赤みを帯びた鋸歯で強調され、強光下では黄色の縞模様がうっすら赤く染まり、魅力的。子株がふえやすい。

オバティフォリア
'オルカ'

Agave ovatifolia 'ORCA'

耐暑性◎／最低温度 −5℃

★★☆☆☆

メキシコ（オアハカ州）

直径120〜200cm。原種は2002年に新種登録。標高1100〜2100mに分布し、寒さに強く、水が好き。この選抜品種はクリーム覆輪の斑入り。春と秋にきれいに発色。葉は短く幅広で丸く、ロゼットはハスの花のよう。小さな鋸歯もポイント。

笹の雪 黄覆輪
^(ささ ゆき き ふくりん)

Agave victoriae-reginae marginata

耐暑性○／最低温度 −2℃／★★★☆☆

園芸品種

直径30〜50cm。笹の雪の最も一般的な黄覆輪
タイプ。斑色は個体によって異なり、鮮明なもの、
薄いもの、覆輪部が散り斑になるものまで、バリ
エーションがある。英語名ゴールデン・プリンセス。

42

笹の雪

Agave victoriae-reginae

耐暑性○／最低温度 −5℃／★★★☆☆

メキシコ（ドゥランゴ州、コアウイラ州、ヌエボ・レオン州）

直径30〜50cm。種小名はビクトリア女王から。多様なペンキ模様があり、日本では古くからペンキが美しい個体を選抜。ササに積もった雪を連想させる。梅雨から夏は雨を当てず、風通しよく。

ダルマ笹の雪、笹の雪コンパクタ

Agave victoriae-reginae compacta

耐暑性○／最低温度 −5℃／★★★☆☆

メキシコ（ドゥランゴ州、コアウイラ州、ヌエボ・レオン州）

直径30〜50cm。丸葉で幅が広く、短い個体。生育すると、きれいなボール状のフォルムとなり、笹の雪のなかでも人気が高い。

姫笹の雪

Agave victoriae-reginae 'Hime Sasanoyuki'

耐暑性○／最低温度 −5℃／★★★☆☆

作出国・日本

直径10〜20cm。笹の雪のコンパクトタイプ。日本で選抜された矮性個体。笹の雪は株が小さいうちに子株が出やすいが、特にこの品種はよく子吹きする。ペンキの白い模様がきれいに入る。

スーパーワイド

Agave victoriae-reginae 'Super Wide'

耐暑性○／最低温度 0℃／★★★★☆

作出国・イギリス

直径20〜25cm。超幅広の三角葉で、コンパクトにまとまり、まるでつくりもののようなかっこよい株になる。根の状態により、葉が黒くなりやすいデリケートな性質。

氷山
(ひょうざん)

Agave victoriae-reginae 'Hyozan'

耐暑性○／最低温度 0℃

★★★☆☆

作出国・日本

直径30〜40cm。笹の雪の白斑覆輪の斑入り種。アガベのなかでも最高の純白の斑。日本での選抜種。アメリカではホワイトライノーと呼ばれる。白斑だが、普通の笹の雪と同じ管理でよい。

笹の雪 黄中斑
(ささのゆき おうちゅうふ)

Agave victoriae-reginae mediopicta

耐暑性○／最低温度 0℃／★★★☆☆

メキシコ（ドゥランゴ州、コアウイラ州、ヌエボ・レオン州）

直径30〜50cm。笹の雪の黄中斑タイプ。斑は個体によって、鮮明なものから薄いものまである。写真は鮮明なタイプ。覆輪タイプの笹の雪よりも葉が細く密なロゼットを形成し、シャープな印象になる。

輝山
(きざん)

Agave victoriae-reginae 'Kizan'

耐暑性○／最低温度 0℃／★★★☆☆

作出国・日本

直径30〜40cm。笹の雪のワイドリーフタイプで黄覆輪。日本での選抜品種。斑色は季節により発色が変わる。笹の雪の仲間としては夏場日焼けを起こしやすいので遮光下で育てる。

アルボピローサ

Agave albopilosa

耐暑性○／最低温度 0℃／★★★☆☆

メキシコ（ヌエボ・レオン州）

直径約60cm。2007年発見。笹の雪と同じ地域の標高1000〜1500mの崖に自生。子吹きしにくい。葉は細く、先端に繊維状の白いぼんぼりがつく。種小名は白く毛深いの意。多湿で下葉が傷む。

華厳、ドワーフアルバ
（け ごん）

Agave americana 'Dwarf Alba'

耐暑性◎／最低温度 −5℃／★★☆☆☆

不明

直径80〜100cmを超える。アオノリュウゼツラン
の白中斑。葉はコンパクトで胴太。葉のダークグリ
ーンと中斑の白とのコントラストが美しい。暖地で
は庭植えできるが、寒さで斑が傷むことも。

アオノリュウゼツラン（青の竜舌蘭）

Agave americana

耐暑性◎／最低温度 −10℃／★☆☆☆☆

アメリカ（アリゾナ州、テキサス州）、メキシコ

直径2mを超える大型種。アメリカーナの基本種。右のリュウゼツランのあとに日本に導入され、斑入りがない特徴を示すため、この名で呼ばれる。大株は葉が外側に曲がり垂れる。

リュウゼツラン（竜舌蘭）

Agave americana var. marginata

耐暑性◎／最低温度 −5℃／★☆☆☆☆

アメリカ（アリゾナ州、テキサス州）、メキシコ

直径2mを超える大型種。アメリカーナでは日本に最初に導入。リュウゼツランと呼ばれるようになった。斑の入り方にはほかに中斑、縞斑、色は黄斑、白斑がある。英語名はイエローリボンズ。

アオノリュウゼツラン 縞斑（しまふ）

Agave americana striata

耐暑性◎／最低温度 −5℃／★☆☆☆☆

アメリカ（テキサス州）

直径1〜2m。アオノリュウゼツランに黄色い縞斑が入ったタイプ。縦縞の模様は個体や葉によっても異なり、さまざまな変化が見られて美しい。

コルネリウス

Agave 'Cornelius'

耐暑性◎／最低温度 −5℃／★★★☆☆

園芸品種

直径50〜80cm。この種の中では小型。葉は比較的柔らかく、下葉は密に重なって下を向く。鮮やかな黄色の覆輪がたいへん美しい。葉の縁は波打つ。暑さ、寒さに強く、暖地では庭植えできる。

交配種

異なる種の間での
自然交雑や人工交配で生まれた
注目の園芸品種を紹介します。

シャークスキン

Agave 'Shark Skin'

耐暑性◎／最低温度 −3℃／★★☆☆☆

作出国・不明

直径40〜60cm。アスペリマと笹吹雪（50ページ参照）の自然交雑種か。日本で選抜か。筒状の剣葉は灰色がかった深緑でサメ肌。この質感から命名。黒いとげとの組み合わせは圧巻。

ジョーホーク

Agave 'Joe Hoak'

耐暑性○／最低温度 0℃

★☆☆☆☆

作出国・アメリカ

直径約90cmの中型種。デスメチアナの交配種か。メリデンシスと学名表記されることもあるが不明。葉は薄く柔らかく繊細で、色合いも独特。糊斑も美しい。幅10cmの長い葉が優雅な曲線を描き、壺形のロゼットを形成。生育期には水を好む。

シャークバイト

Agave 'Shark Bite'

耐暑性○／最低温度 0℃／★★☆☆☆

不明

直径40〜50cm。ハンス・ハンセン氏が2016年発表。笹吹雪（50ページ参照）とアスペリマの交配種‘シャークスキン・シューズ’の覆輪。斑色は薄いが、年月がたつほど美しくなる。

プミラ

Agave × *pumila*

耐暑性○／最低温度 0℃／★★★☆☆

自然交雑種

直径25〜30cm。50年ほど前から日本にある小型種。笹の雪（43ページ参照）とレチュギラ（40ページ参照）の自然交雑種か。肉厚の三角葉が星形のロゼットを形成。過湿、蒸れで下葉が黒くなる。

ユタエンシス×デザーティ

Agave utahensis × Agave deserti

耐暑性○／最低温度 −5℃／★★☆☆☆

作出国・アメリカ

直径30〜40cm。ユタエンシスとデザーティの交配種として、最近アメリカから導入。ユタエンシスの変種ネバデンシス（24ページ参照）に近い特徴をもつが、葉が太くて短い良個体。

エボリスピナ×笹の雪

Agave utahensis var. eborispina × Agave victoriae-reginae

耐暑性◎／最低温度 0℃／★★★☆☆

交配種

直径25cm以上。ユタエンシスの変種エボリスピナ（24ページ参照）と笹の雪（43ページ参照）の両親がうまく融合した個体。

笹吹雪 <ruby>笹<rt>ささ</rt></ruby><ruby>吹<rt>ふ</rt></ruby><ruby>雪<rt>ぶき</rt></ruby>

Agave × nickelsiae

耐暑性○／最低温度 −3℃／★★☆☆☆

自然交雑種

直径40〜50cm。笹の雪（43ページ参照）とスカブラの自然交雑種。成長するにつれ、美しいドーム状に。学名はかつて*A. victoriae-reginae* var. *fernandii-regis*とされていた。

安曇野の舞扇 <ruby>安<rt>あ</rt></ruby><ruby>曇<rt>ずみ</rt></ruby><ruby>野<rt>の</rt></ruby>の<ruby>舞<rt>まい</rt></ruby><ruby>扇<rt>おうぎ</rt></ruby>

Agave 'Azumino no Maiougi'

耐暑性◎／最低温度 −2℃／★☆☆☆☆

作出国・日本

直径20〜40cm。屈原の舞扇（30ページ参照）とキシロナカンサの交配種。屈原の舞扇よりも鋸歯が黒みを帯びている。葉も堅く、つくりやすい。

スノーグロー

Agave 'Snow Glow'

耐暑性◎／最低温度 3℃

★★☆☆☆

作出国・アメリカ

直径30〜60cm。ブルーグローの斑入り種。ケリー・グリフィン氏の作出。クリーム色の鮮明な斑と葉の縁の赤が美しい。黄覆輪種のサングローもあるが区別が困難。写真の株は国内でも特大級。

ブルーグロー

Agave 'Blue Glow'

耐暑性◎／最低温度 3℃／★★☆☆☆

作出国・アメリカ

直径30〜60cm。アテナータとオカヒーの交配種で、アガベの育種家ケリー・グリフィン氏による作出。緑色の長細い剣葉と赤みを帯びたエッジが美しい。整ったロゼットを形成する。

ブルーエンバー

Agave 'Blue Ember'

耐暑性◎／最低温度 3℃／★★☆☆☆

作出国・アメリカ

直径60〜70cm。ブルーグローと同じくアテナータとオカヒーの交配種。丸みを帯びた鋸歯の突起部分がつながっていて、剣葉がよりなめらかで鋭く見える。

アガベの年間の作業・管理暦

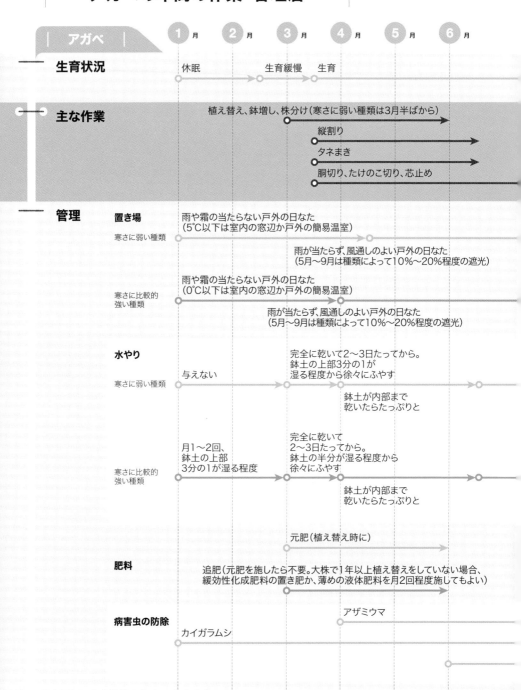

| アガベ | | 1月 | 2月 | 3月 | 4月 | 5月 | 6月 |

生育状況
休眠　　　　生育緩慢　生育

主な作業
植え替え、鉢増し、株分け（寒さに弱い種類は3月半ばから）
縦割り
タネまき
胴切り、たけのこ切り、芯止め

管理

置き場

寒さに弱い種類
雨や霜の当たらない戸外の日なた
（5℃以下は室内の窓辺か戸外の簡易温室）
雨が当たらず、風通しのよい戸外の日なた
（5月〜9月は種類によって10%〜20%程度の遮光）

寒さに比較的強い種類
雨や霜の当たらない戸外の日なた
（0℃以下は室内の窓辺か戸外の簡易温室）
雨が当たらず、風通しのよい戸外の日なた
（5月〜9月は種類によって10%〜20%程度の遮光）

水やり

寒さに弱い種類
与えない
完全に乾いて2〜3日たってから。
鉢土の上部3分の1が湿る程度から徐々にふやす
鉢土が内部まで乾いたらたっぷりと

寒さに比較的強い種類
月1〜2回、鉢土の上部3分の1が湿る程度
完全に乾いて2〜3日たってから。鉢土の半分が湿る程度から徐々にふやす
鉢土が内部まで乾いたらたっぷりと

肥料
元肥（植え替え時に）
追肥（元肥を施したら不要。大株で1年以上植え替えをしていない場合、緩効性化成肥料の置き肥か、薄めの液体肥料を月2回程度施してもよい）

病害虫の防除
アザミウマ
カイガラムシ

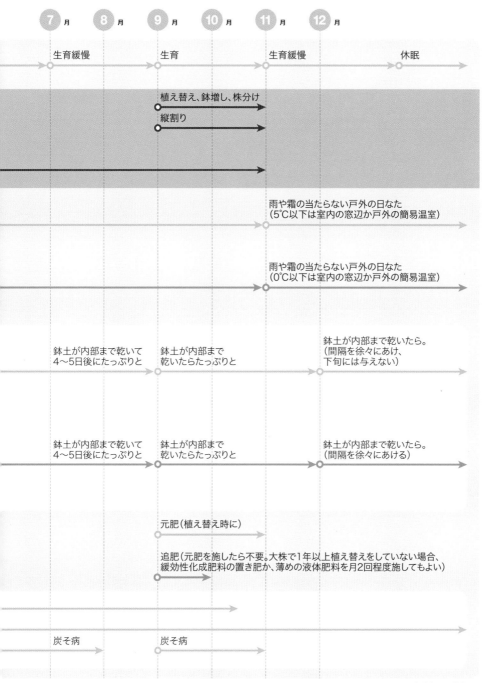

7月	8月	9月	10月	11月	12月

生育緩慢　　　　　　　　生育　　　　　　　　　　生育緩慢　　　　　　　休眠

植え替え、鉢増し、株分け

縦割り

雨や霜の当たらない戸外の日なた
（5℃以下は室内の窓辺か戸外の簡易温室）

雨や霜の当たらない戸外の日なた
（0℃以下は室内の窓辺か戸外の簡易温室）

鉢土が内部まで乾いて　鉢土が内部まで　　　　　　　　　　鉢土が内部まで乾いたら。
4〜5日後にたっぷりと　乾いたらたっぷりと　　　　　　　　（間隔を徐々にあけ、
　　　　　　　　　　　　　　　　　　　　　　　　　　　　　下旬には与えない）

鉢土が内部まで乾いて　鉢土が内部まで　　　　　　　　　　鉢土が内部まで乾いたら。
4〜5日後にたっぷりと　乾いたらたっぷりと　　　　　　　　（間隔を徐々にあける）

元肥（植え替え時に）

追肥（元肥を施したら不要。大株で1年以上植え替えをしていない場合、
緩効性化成肥料の置き肥か、薄めの液体肥料を月2回程度施してもよい）

炭そ病　　　　　　　　　炭そ病

関東地方以西基準

（53）

寒さに弱い種類、比較的強い種類とは

寒さ対策の判断の目安は高めの温度に設定しよう

　本書の「アガベ図鑑」(13〜51ページ)には、植物ごとに耐えられる最低温度を記しています。それぞれの種類が育ってきた原産地の環境(気候、緯度、標高など)の違いによって、寒さに対する強さ(耐寒性)が異なるためです。

　この最低温度は、雨も霜も当たらない置き場でのもので、雨や霜が株に直接当たる場合、耐寒性は著しく低下します。実際の栽培では、最低温度よりも低い寒さに一度でも当てると、葉が凍傷で傷むなどの障害が出て、ひどい場合は枯死することもあります。最低温度はあくまでも目安として必ず余裕をもって3〜5℃高い温度を判断の基準にし、天気予報で最低気温がそれを下回ると予想されるときは、早めに室内に移動させるなどの寒さ対策を行います。

　なお、「12か月栽培ナビ」(55〜93ページ)では、冬の管理について、「寒さに弱い種類」、「寒さに比較的強い種類」に分けて、注意点を記述しています。おおよその目安は右のとおりです。-7℃以下の最低温度をもつ種類は寒さに強く、暖地では庭植えも不可能ではありませんが、アガベの生育期間は長年に及ぶため、数十年に1回の強い寒波で傷むことは十分にありえます。

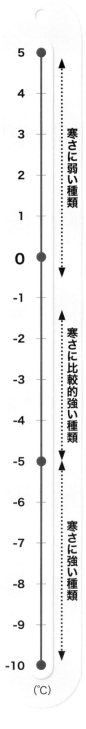

寒さに弱い種類
寒さに比較的強い種類
寒さに強い種類
(℃)

「最低温度」の目安

3℃
- ●スーパークラウン
- ●ピンキー(フィリフェラ)
- ●ブラクテオーサ
- ●ブルーエンバー
- ●ブルーグロー
- ●マルモラータ'パピリオ・プラタノイデス'など

1℃
- ●ジプソフィラ錦など

0℃
- ●アルボピローサ
- ●ジェントリー'ジョーズ'
- ●ジョイホーク
- ●チタノタ
- ●ドラゴントウズ
- ●ネバデンシス錦
- ●姫雷神
- ●ポタトルム
- ●五色万代(ロファンサ錦)など

-1℃
- ●イシスメンシス
- ●ホリダなど

-2℃
- ●アウレア錦
- ●笹の雪黄覆輪
- ●マクロアカンサなど

-3℃
- ●笹吹雪
- ●ジェスブレイティー(帝釈天)
- ●ジェミニフローラ
- ●シャークスキン
- ●パラサナ錦
- ●パルビフローラ錦
- ●モンタナなど

-5℃
- ●アップラナータ
- ●オバティフォリア'オルガ'
- ●コロラータ
- ●笹の雪
- ●サルミアーナ
- ●白糸の王妃
- ●滝の白糸
- ●トウメヤナ・ベラ
- ●パラサナ
- ●リュウゼツラン(アメリカーナ)
- ●レチュギラ錦など

-7℃
- ●ストリアータ
- ●トルンカータなど

-10℃
- ●ネバデンシス
- ●パリー(吉祥天)など

chapter 3

12か月栽培ナビ

毎月の手入れと
管理の方法を紹介します。
美しい株姿を保ちながら
育てましょう。

チタノタ'ブラックアンドブルー'の大株と幼株

Agave

1月のアガベ

いちだんと寒さが厳さを増し、霜が降りたり、最低気温が0℃以下になったりする日が多くなります。雪が降る日もあります。アガベは休眠したままで、成長はまったく見られません。次第に葉の厚みが失われ、葉の緑色が少し抜けて、株姿がゆるんできます。1月下旬からは1年で最も寒い時期です。強い寒さに当てないように注意します。

ギルベイ

A. horrida var. *gilbeyi*

ホリダの変種とされているが、ホリダとの区別は難しい。直径30〜60cmのホリダと比べると、成長しても一回り〜二回り小さいサイズにとどまる。「ギルベイ」の呼称は、園芸品種名として用いられることが多い。

今月の手入れ

12月中旬からほとんどの種類は休眠期に入っています。この時期に行える作業はありません。

この病害虫に注意

カイガラムシなど／温度が低いため、カイガラムシも冬眠しています。しかし、暖かい室内に置いている時間が長くなると、冬眠から目覚めたり、卵がふ化して動き始めることがあります。気づいたら、すぐに綿棒やピンセットなどで取り除きます（90ページ参照）。

column

室内で育てるときの管理法

極寒期などに株を室内に取り込んで育てるときは、窓辺などに置きます。日中はできるだけ戸外で日光に当てますが、それが難しい場合には、日光のよくさし込む場所を選んで鉢を移動させます。また、窓からさし込む日光は片側だけに当たるので、数日に1回、鉢ごと回転させて、まんべんなく日に当てます。

日光のよく当たる場所を選び、日照時間を確保する。

今月の栽培環境・管理

置き場

●**雨や霜の当たらない戸外の日なた**／1月は、軒下や簡易温室などといった雨や霜の当たらない戸外の日なたか、室内の窓辺で育てます。夜から明け方の最低気温を基準に考えて5℃を下回りそうなときは、寒さに弱い種類（54ページ参照）は事前に日光のよく当たる室内の窓辺などに移しておきましょう。最低気温が0℃以下になる場合は、寒さに比較的強い種類（54ページ参照）も同様にします。

戸外に簡易温室があれば、寒さをしのぎやすくなります。株を内部に置き、日中に日光が当たって内部の温度が高くなるときは窓や扉の一部を開放し、夕方から早朝までは閉めきります。ただし、小型の簡易温室は温度を保ちにくく、夜中には周囲とほぼ同じ温度になります。特に放射冷却には注意が必要です。内部の温度が上記の基準の温度以下になるときは、室内の窓辺などへ移動させるか、加温装置があれば稼働させます。

冬は日光のよく当たる室内の窓辺で栽培することもできますが、日中は戸外の日なたに出すなどして、直射日光が当たる時間をできるだけ長くします。冬の間の日照時間が短いと、生育期になって中心部から出てくる新葉がやせて細くなり、株姿が乱れる原因になります。

水やり

●**寒さに比較的強い種類のみ、1か月に1〜2回、鉢土の上部3分の1が湿る程度**／1〜2月は最低温度5℃以上で管理する寒さに弱い種類には水を与えません。そのため、葉から少しずつ厚みが失われ、やせた感じになりますが、問題はありません。

一方、最低温度0℃以上で管理する寒さに比較的強い種類には、鉢土が内部まで乾いて2週間程度たってから、株の上から水を与えます（89ページ参照）。頻度は月に1〜2回で、水の量は鉢土の上部3分の1が湿る程度です。水やりに慣れるまでは、水を多く与えすぎないように、あらかじめ鉢の容積から与える水の量を決めて、量っておくとよいでしょう。

休眠期とはいえ、水を多く与えすぎると、必要以上の水分が葉先まで行き渡って、蓄えられてしまいます。それが冬の寒さに当たると、凍ってしまい、葉が傷む原因になります。水を極力少なくすることで、寒さに強くなります。

肥料

●**施さない**／休眠期なので、肥料は施しません。

Agave

2月のアガベ

1月下旬〜2月上旬は1年で最も寒い時期です。アガベは休眠したまま、生育を止めています。水やりを控えているため、葉の厚みがなくなってしわが寄り、株姿の締まりが失われる株もあります。室内などの暖かい場所をメインに育てている場合、2月半ばになると中心部の葉が動きだしてくる種類もあります。

らいじん
雷神

A. potatorum var. *verschaffeltii* 'Raijin'

直径約100cmの中型種。原種のポタトルムは日本には早くから導入、選抜されてきた。この雷神もその一つ。青みがかった緑が美しく、きれいなロゼットを形成する。0℃以下にならない暖地では庭植えもできる。

 今月の手入れ

ほとんどの種類は休眠期に入っています。この時期に行える作業はありません。2月半ばになると、緩慢ながらも成長が見られるものもありますが、植え替えや株分けなどの作業は3月になってから行います。

 この病害虫に注意

カイガラムシなど／温度が低いため、カイガラムシはまだ冬眠しています。しかし、暖かい室内に置いていると、冬眠から目覚めたり、卵がふ化して動き始めることがあります。気づいたら、綿棒やピンセットなどで取り除くか、3月に入ったらすぐに植え替えをして根や葉のすき間を確認し、見つけたら捕殺します（90ページ参照）。

column

霜焼けを起こした株

寒さで葉が凍ると、被害が小さければ最初は半透明になり、そのあと黒ずみ、しばらくたつと茶色く乾いてきます。成長点が無事なら春に胴切り（84〜86ページ参照）などで、仕立て直せます。

凍傷を起こした株。このように中心部まで柔らかくなると、枯死する可能性が高い。

今月の栽培環境・管理

置き場

●雨や霜の当たらない戸外の日なた／0℃もしくは5℃を下回らない軒下や簡易温室などの雨や霜の当たらない戸外の日なたか、室内の窓辺で育てます。夜から明け方の最低気温を基準に考えて5℃を下回りそうなときは、寒さに弱い種類（54ページ参照）は事前に日光のよく当たる室内の窓辺などに移しておきましょう。最低気温が0℃以下になる場合は、寒さに比較的強い種類（54ページ参照）も同様にします。

　簡易温室を用いる場合は、株を内部に置き、夕方から朝までは閉めきります。立春を過ぎると徐々に日ざしが強くなってきます。晴天時には内部の温度が上がり、葉焼けを起こすこともあるので、朝には忘れず窓や扉の一部を開けます。逆に日中も曇り空で気温が上がらない場合は、窓や扉を閉じるか、すき間を小さくし、寒風から守ります。

　小型の簡易温室は温度を保ちにくく、夜中には周囲とほぼ同じ温度になります。特に放射冷却には注意が必要です。内部の温度が上記の基準の温度以下になるときは、室内の窓辺などへ移動させるか、加温装置を稼動させて保温します。

　冬の基本の置き場を日光のよく当たる室内の窓辺にすることもできますが、日中は戸外の日なたに出すなどして、直射日光が当たる時間をできるだけ長くします。

水やり

●寒さに比較的強い種類のみ、1か月に1〜2回、鉢土の上部3分の1が湿る程度／1月に引き続き、最低温度5℃以上で管理する寒さに弱い種類には水を与えません。やせた感じになりますが、2月いっぱいは水やりを控えます。

　一方、最低温度0℃以上で管理する寒さに比較的強い種類には、鉢土が完全に乾いて2週間程度たってから、株の上から水を与えます（89ページ参照）。頻度は月に1〜2回で、水の量は鉢土の上部3分の1が湿る程度です。水やりに慣れるまでは、あらかじめ鉢の容積から与える水の量を量っておくとよいでしょう。

　簡易温室や暖かい室内で管理している場合、2月半ばを過ぎると中心部の葉に成長が見られるものも出てきます。確認してから、与える水の量を鉢土の半分が湿る程度までふやします。

　なお、日中によく日光に当てていると、株は締まった状態になるものの、断水で葉が赤みを帯びることがあります。3月に水やりを再開すると回復します。

肥料

●施さない／休眠期なので、肥料は施しません。

Agave

3月のアガベ

アガベは生育期に入り、やせ
ていた葉がふくらんで、株が
締まってきます。10月と並ん
で1年でも最も美しい株姿が
観賞できます。中心部の葉が
動き始め、3月下旬にはどの
種類も成長が始まったことが
はっきりとわかります。3月末
〜4月上旬のソメイヨシノの
満開を目安に、春の栽培に移
行します。

チタノタ錦、
ブラックダイヤモンド

A. titanota marginata

直径30〜50cm。'ブラックアンドブ
ルー'の斑入り種。葉の縁に鮮やか
な黄斑が入る。チタノタの斑入りの
なかでは、とげ、葉色、斑色のバラン
スは最高レベル。ブラックダイヤモン
ドの名で流通している。

今月の手入れ

●**植え替え、鉢増し、株分け**／植え替え、
鉢増しは基本的に年1回行います。秋にも
行えますが、春の適期は3〜5月です。寒
さに比較的強い種類（54ページ参照）は
3月上旬から、寒さに弱い種類（54ページ
参照）も半ばから作業が行えます（62〜
64ページ参照）。植え替え後は根が活着
するまで、10〜20%程度遮光をしながら
管理します。子株ができた株は、株分けを
行います（66〜67ページ参照）。

植え替えを
怠った株

根詰まりを起こし
て、下葉が枯れ込
む。生きている葉も
厚みが失われ、緑
色が薄い。

●**縦割り**／株をふやしたい場合、3月半ば
から行えます（70〜71ページ参照）。
●**タネまき**／入手したタネがあれば、3月
半ばからまけます（72〜73ページ参照）。
●**胴切り、たけのこ切り、芯止め**／3月半
ばから傷んだ株や下葉が枯れた株の仕立
て直しが行えます（84〜87ページ参照）。

この病害虫に注意

カイガラムシなど／気温の上昇とともに、
活動を始めます。早めに植え替えを行っ
て、根や葉のすき間を確認し、見つけたら
捕殺します（90ページ参照）。

今月の栽培環境・管理

置き場

●**雨や霜の当たらない戸外の日なた／軒**下やベランダなど、雨や霜の当たらない戸外の日なたで育てます。生育が始まるので、しっかりと風に当てることも大切です。戸外の環境を見直し、風通しのよい状態を保ちます。最低気温が5℃を下回りそうなときは、寒さに弱い種類（54ページ参照）は事前に日光のよく当たる室内の窓辺などに移しておきましょう。最低気温が0℃を下回る場合は、寒さに比較的強い種類（54ページ参照）も同様にします。

　日ざしが次第に強くなっています。日中に株がよく温まっていれば、多少の寒さは夕方から朝まで株の上に新聞紙やビニールをかぶせるだけで十分にしのげます。

　戸外の簡易温室は日光が当たると内部の温度が急激に高くなります。日の出も早くなっているので、朝から窓や扉を開放します。夕方は気温を見て、窓や扉を閉めるのを遅くします。まだ霜が降りる日があります。小型の簡易温室は温度を保ちにくいので、内部が規定の温度以下になるときは、室内に取り込むか、小型のヒーターなど加温装置を稼動させます。

　冬の間、室内の窓辺で栽培していた場合は、できるだけ日中は戸外に出します。室内でも窓を少し開けるなど、空気がよどんで蒸れないように注意します。

水やり

●**寒さに弱い種類も水やり開始。徐々に水の量をふやす／**3月に入ったら、最低温度5℃以上で管理する寒さに弱い種類も水やりを開始します。最初は水の量は鉢土の3分の1が湿る程度で、株の上から水を与えます（89ページ参照）。そのあとは鉢土が完全に乾いて2〜3日たってからで、徐々に1回当たりの水の量をふやします。

　最低温度0℃以上で管理している寒さに比較的強い種類や、簡易温室や暖かい室内で管理している株の場合は、冬の間も回数は少ないものの水やりを継続しています。鉢土が完全に乾いて2〜3日程度たってから、鉢土の半分が湿る程度まで株の上から水を与えます。徐々に水の量をふやし、3月下旬にはたっぷりと与えます。

肥料

●**1年以上、植え替えない株は施す／**春に植え替えをすれば、培養土に元肥が含まれているので、それ以外の肥料は必要ありません。1年以上植え替えず、この春も植え替えない大株などは、置き肥として緩効性化成肥料（N-P-K=6-40-6など）を規定量施します。規定倍率よりも薄い液体肥料（N-P-K=6-10-5など）を水やり代わりに月2回程度施してもかまいません。

植え替え、鉢増し

株を
健全な状態のまま
育てる

適期
3〜5月、9〜10月

年1回は植え替える

　アガベの根は生育旺盛で、植え替えをして1年もたつと、鉢の中は根でいっぱいになります。そのままにしていると、根が呼吸できずに傷み、養水分を十分に吸えなくなります。根を健康な状態に保ち、株を整った美しい姿で維持するには、年1回の植え替えを行います。大株になって生育が安定してくれば、2年に1回でもかまいません。

適期は春と秋

　春はこれから生育期を迎えるため、作業後に根が活着しやすいのが利点です。根鉢をくずし、根を切って、古い用土を入れ替え、新しく伸びる元気な根でより健全に育てましょう。秋も植え替えは十分に行えますが、次第に温度が下がるため、根鉢をくずさずに一回り大きな鉢に植え直す「鉢増し」に向いています。

　子株が育った株は、植え替えと同時に株分けを行うことができます（66〜67ページ参照）。また、使用する培養土と元肥については65ページを参照してください。

step **1**

**新しい鉢を
準備**

左上は入手した株（種類はホリダ）。鉢縁から葉が大きくはみ出しているので、一回り〜二回り大きな鉢を準備（下）。株を大きくしたくないときは同じ大きさの鉢でよい。

step **2**

**側面を押して
根鉢を柔らかく**

根が鉢内に回って取り出しにくいことがある。鉢の側面を押して柔らかくする。

step **3**

**根鉢を
取り出す**

葉裏を押さえて、鉢から株を抜き出す。とげで手を傷つけないよう、ゴム製のものなど厚めの手袋を着用。

step

4

用土を
取り除く

手で根鉢をくずし、
根をほぐして古い
用土をすべて取り
除く。

step

5

傷んだ根を
整理

根の周囲が傷み、
中心の芯だけが
残っている

褐色に変色した根
は傷んでいるので
すべて取り除き、白
っぽい健全な根を
残す。株元から3〜
4cmの長さでそろ
え、新たな根の伸
びを促す。

step

6

古い下葉を
整理

黄色くなりかけた
下葉はいずれ新陳
代謝で枯れてしま
う。つまんで横に引
くと簡単に取れる。

step

7

株の
整理完了

下葉を取ると株元
が露出し、植えやす
い。この状態で日陰
に数日間置いて、傷
口を乾かしてから
植え替える。または
このまま植えて、水
やりを数日後から
開始してもよい。

step

8

ゴロ土を
入れる

新しい鉢に鉢底石
として鹿沼土中粒、
もしくは軽石中粒
を入れる。

step

9

培養土を
入れる

8の上に培養土を
入れて、株を置いた
ときに株元が鉢縁
よりも少し下にな
るぐらいに高さを
調整する。

step **10**

培養土を追加する

根の間や株元に培養土を加える。表土の高さは鉢縁から5mm程度下がり目安。深すぎると、下葉で鉢縁が覆われて、株元の通風が悪くなり、傷みやすい。

step **11**

水やりに注意

7で数日間、傷口を乾かした場合はすぐにたっぷりと水やり。根を整理したあとすぐに植えた場合は、数日待ってからたっぷりと水やりをする。

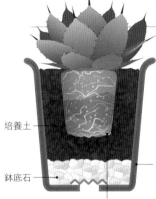

鉢増しの場合

気温がこれから下がる秋の作業や大株づくりなどで根を切りたくない場合は、一回り〜二回り大きな鉢に移し替える鉢増しを行う。

培養土

鉢底石

一回り〜二回り大きな鉢

根鉢はなるべくくずさず植えつける

植え替えに使う資材

植え替えで使ったのは以下の資材。培養土だけでなく、鉢底に鉢底石を入れると水はけがよくなり、根が傷みにくくなります。必要であれば、培養土の上に好みの化粧砂を敷くとよいでしょう。株姿が引き締まり、観賞上の価値が高まります。

培養土

ここではオリジナルの培養土を使用した（右ページ参照）。市販の多肉植物用培養土をアレンジして用いてもよい（101ページ参照）。

鉢底石

ここでは水はけのよい鹿沼土中粒を使用。軽石中粒などを用いてもよい。

化粧砂

観賞上、必要なら、培養土の表面に化粧砂を敷いてもよい。写真は黒石小粒。赤玉土小粒、富士砂などを使ってもよい。

オリジナル培養土をつくろう

　ここで使用した培養土は、各資材を右の比率に従って配合すればつくることができます。日当たりがよく、風通しもよい置き場で栽培することを想定し、一般的な多肉植物用培養土よりも水はけを重視したものです。

　それぞれの環境に応じて、資材の比率を調整しましょう。さらに水はけをよくしたければ、軽石や鹿沼土の分量をふやすか、粒の大きな資材を使う方法があります。逆に、水もちをよくしたければ、赤玉土かバーミキュライトの分量をふやします（101ページ参照）。

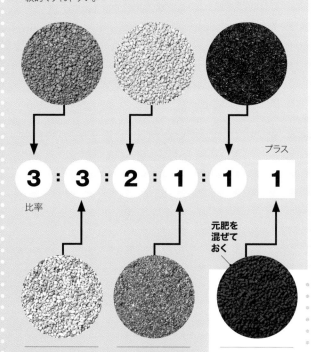

赤玉土小粒

水はけ、通気性、水もちがよい。保肥性にも優れている。粒は時間がたつと比較的くずれやすい。

鹿沼土小粒

水はけ、通気性はよいが、水もちは悪い。赤玉土よりも硬く、くずれにくい。

くん炭

もみ殻を焼いたもので、土壌改良材として用いられる。浄化効果がある。

プラス

3 : 3 : 2 : 1 : 1　1

比率

元肥を混ぜておく

軽石

赤玉土、鹿沼土よりも硬く、ほとんどくずれない。細かな穴があいているため、きわめて水はけ、通気性がよい。

バーミキュライト

天然の蛭石（雲母の一種）を高温で焼いて膨張させたもの。無菌。軽くて、水はけがよく、水もち、肥料もちがよい。

有機質固形肥料

ここでは元肥としてN-P-K=2.5-4.5-0.7を使用。ゆっくり分解され、肥料成分が少しずつ植物に吸収される。緩効性化成肥料（N-P-K=6-40-6など）でもよい。

ふやし方①

株分け

植え替え時に
子株を分ける

適期
3〜5月、9〜10月

子株が十分に大きくなってから

　最も簡単なふやし方です。子株は親株と同じ性質をしているため、気に入った種類をふやすのに向いています。

　アガベはふつう、株が育ち、成熟する前に子株を出します。小型種は種類によりますが、王妃雷神錦、プミラ、ナナなどは子株ができやすいようです。なお、斑入り品種の場合、覆輪、中斑などは、親株と同じ斑が子株にも入りやすいものの、縞斑は子株の斑が安定しない品種があります。

　作業は親株の植え替え時に合わせて、行います。子株が十分に大きくなるまで育ててから株分けすると、あとの根づきもよく、管理が楽です。株分けとその後の株の整理は右のとおりですが、子株の植えつけは、62〜64ページの「植え替え、鉢増し」と同じ要領で行います。

　なお、ナイフやハサミ、ピンセットなどは株に触れる前に接触部分をライターの火であぶるなどして消毒し、病気の感染を防ぎます。特に複数の株に触れて作業するときは1株ごとに消毒することが大切です。

step **1**

**子株が
成長した株**

王妃雷神錦 白中斑の親株から3つの子株が出て、それぞれが大きくなっている。植え替えに合わせて子株を分ける。

step **2**

**傷んだ
下葉を取る**

根鉢をくずして、古い用土を取り除く。枯れた下葉は取り除く。つかんで、横に動かしながら引っ張ると、つけ根から取れる。

step **3**

**子株の
つけ根を
露出させる**

ほかにも小さな傷んだ葉があれば、すべて取り除き、子株のつけ根を露出させる。

step

4

傷んだ根も
整理

傷んで褐色になった根は取り除き、白い生きた根は残す。写真は整理を終えた株。

step

7

子株の
下葉を取り除く

子株についた下葉を数枚取り除き、茎の部分を露出させる。写真の子株は、茎のつけ根から根が伸びている。

step

5

ナイフで
切り分ける

親株と子株の間にナイフを差し入れ、連結部分に切り目を入れる。ナイフの刃先でほかの葉を傷つけないように注意。

step

8

整理の
終わった
親株と子株

親株(上)から子株(下)が3つとれた。親株は根を整理し、短く切る(63ページ参照)。子株はすべて**7**の要領で整理。根のない子株は水耕栽培で発根させてもよい。

step

6

子株を
取り分ける

ナイフで切れ目を入れると、あとは子株を指でつかんで下に引っ張るだけで取れる。

step

9

植えつける

日陰に数日置いてから植え替えるか、**8**のまま植えて水やりを数日後に開始する。子株は茎を培養土に少し深めにさしておくと根が出やすい。

4月

Agave

4月のアガベ

春らしい暖かい日が多くなり、日なたの温度は20℃以上になる日がふえてきます。アガベは葉が厚みを増し、生育が早くなり、株が締まって、葉色も濃く、生き生きとした姿を保ちます。寒さに比較的強い種類は中心部から新葉がしっかりと展開してきます。年によっては4月中旬まで寒の戻りや遅霜があるので注意します。

王妃雷神錦 黄中斑
おう ひ らいじんにしき き なか ふ

A. isthmensis 'Ouhi Raijin' mediopicta

直径10〜15cm。日本で作出された園芸品種。白斑タイプのもの（16ページ参照）からの枝変わりで生まれた黄色の中斑。葉の緑も鮮明で明るく、華やかさがある。葉の形はふっくらとしたダルマ葉が特徴。

今月の手入れ

●**植え替え、鉢増し、株分け**／いずれも春の適期です。春に温度が安定したらなるべく早めに行って、新根を活着させます（62〜67ページ参照）。

●**縦割り**／切り口が乾きやすく、生育適温のため、新芽も伸びやすく、最適期です（70〜71ページ参照）。

●**タネまき**／適期です。遅くなると、発芽後に暑い夏を迎え、苗の管理が難しくなります。早めに行うようにします（72〜73ページ参照）。

●**胴切り、たけのこ切り、芯止め**／適期です。株の傷みが広がっている場合は急いで行います（84〜87ページ参照）。

この病害虫に注意

アザミウマなど／葉の裏側や葉が詰まった中心部に潜み、葉から吸汁します。葉が肥大すると食害痕が大きくなって傷として残り、観賞価値を損ねます。展開した葉に食害痕を見つけてはじめて発生に気づくことが多いのでやっかいです。年1回の植え替えで株を健全に保つほか（62〜64ページ参照）、置き場に粘着トラップを設置して防除します（74ページ参照）。被害が大きいときは、胴切り、たけのこ切り、芯止めで仕立て直します（84〜87ページ参照）。

カイガラムシなど／発生する時期です。植え替え時に根や葉のすき間を確認し、見つけたら捕殺します（90ページ参照）。

今月の栽培環境・管理

置き場

●雨が当たらず、風通しのよい戸外の日なた／3月までと基本的に同じですが、日光がより長時間当たる状態を保つこと、また、これまで以上に風通しを確保することが大切です。

チタノタや笹の雪の仲間など、中心部の葉が密集している種類を除けば、万が一、雨が吹き込んで、株に多少かかるくらいであれば問題ありません。ただし、雨が数日間続く場合は必ず雨の当たらない場所へ移動させます。

日光にはできるだけ長時間、よく当てます。中心部の葉はまだ巻いた状態でも、内側では次の新葉が成長を始めています。日照不足だと次の新葉が細くなったり、徒長したりする原因になります。生育期なので水やりをたっぷり行いますが、日光と風をよく当てることが大切です。

こうした春の置き場には、ソメイヨシノの満開を目安に、寒さに比較的強い種類（54ページ参照）から順に移動させ、4月下旬には寒さに弱い種類（54ページ参照）も移動を終えます。

注意したいのは、4月中旬までは寒の戻りや遅霜があることです。寒さに弱い種類は5℃を下回る場合、比較的強い種類も0℃以下を下回る場合には、事前に日光のよく当たる室内の窓辺などに移します。

多少の寒さであれば、夕方から朝まで株の上に新聞紙やビニールをかぶせるだけで十分にしのげます。

戸外の簡易温室で育てている場合は、窓や扉を開放して栽培します。日中の高温や蒸れに注意し、必要であれば、小型の送風機やサーキュレーターを稼動させて、常に空気を動かしておきます。

チタノタの仲間やクリーム色の斑入りなどは葉焼けを起こしやすく、4月下旬から遮光率20%の遮光ネットの下で栽培すると安心です（75ページ参照）。

水やり

●鉢土が内部まで乾いたらたっぷりと／鉢土が内部まで乾いたら、株の上からたっぷりと水を与えます（89ページ参照）。乾燥とたっぷりの水やりを繰り返す、メリハリの効いた水やりを心がけます。

肥料

●1年以上、植え替えない株は施す／春に植え替えを行えば、必要ありません。1年以上植え替えず、この春も植え替えない大株などは、3月の置き肥がまだなら、緩効性化成肥料（N-P-K=6-40-6など）を規定量施します。規定倍率よりも薄い液体肥料（N-P-K=6-10-5など）を水やり代わりに月2回程度施してもかまいません。

ふやし方②

縦割り

強制的に
子株を出して
株をふやす

適期
3月半ば〜6月上旬、9〜10月

株の中心で2つに切り分ける

　親株と同じ性質の子株をふやしたいとき、自然に子株の発生するのを待っていると、何年もかかることがあります。また、種類によっては子株が出にくいものもあります。そこで、強制的に子株を芽吹かせる方法として、縦割りを行います。

　ふやしたい株を鉢に植えたままの状態で、真上から株の中心を通るようにナイフやカッターなどで、2つに切り分けます。このとき、株のつけ根までを切り、根は切らないようにします。

　株は地上部が2つに分かれて、それぞれが根をつけた状態で成長します。正確に中心を切ったつもりでも、最も勢いの強い成長点はどちらか一方の株に残り、そこから新しい葉が出て、やがて元の株と同じ姿に回復していきます。もう一方の株は勢いの強い成長点を失ったため、それぞれの葉のつけ根にある成長点が動きだし、葉の間から次々と子株が伸び出してきます。子株が大きくなったら、切り離して、それぞれを植えつけます。

step **1**

ふやしたい株

子株ができにくいものなど、ふやしたい株を選ぶ。根詰まりを起こしていないなど、健全な株であることを確認しておく。

step **2**

真上から
中心を切る

消毒済みのカッターやナイフなどで、真上から株の中心を通るように刃を入れる。

step **3**

刃先は
株のつけ根
まで入れる

刃先を下に押していくと、急に強い力がいらなくなるポイントがある。そこで刃先を止めて、根まで切り分けないようにする。

step **4**

切り口を確認

切断面を左右に開いてみると株のつけ根付近まで刃が通っている。

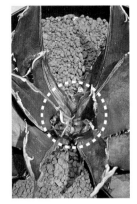

step **7**

中心部から新芽

ちょうど1か月後、中心部から新芽が吹いてきた。石を挟んだまま、通常の管理を続ける。子株が2cmほどになったら石は外す(自然に取れることも多い)。

step **5**

割り具を準備

そのままにしておくと切り口が自然に癒合して元どおりになる。そこで、平らな石やプラスチック片などを切り口に差し込み、癒合しないようにする。

新芽

子株

step **8**

新芽と子株が発生

縦割りから2か月後、成長点が残った左側から出た新葉が肥大。やがて元の株の整った姿に戻る。右側からは子株が吹き始めた。大きくなったら、とって植えつける。

step **6**

半日陰で管理

切り口に石を挟み込んだところ。この状態で、半日陰で管理すると、切り口の傷が乾いて固まる。

(写真の種類はチタノタ)

| **注意！** |

道具は消毒してから

使用するナイフやカッターなどは株に触れる前にライターの火であぶるなどしてよく消毒してから使用します。また、切り口に挟む石やプラスチック片も、事前によく洗うなどして、できるだけ清潔なものを使いましょう。

ふやし方③

タネまき

次世代の株を
選びながら育てる

適期
3月半ば～6月上旬

多くまいて、よい株を選ぶ

アガベの開花は数十年に1回。しかも、花をつけると寿命を終えて、枯れる場合がほとんどです。交配によって自分が思い描いた新品種をつくるには、2つの種類を同じタイミングで開花させる必要があるため、現実的ではありません。

しかし、タネまきにはほかのふやし方の株分け、縦割りとは別の魅力があります。タネは親の次の世代のため、姿や形は同一ではなく、また同じ親からとったタネでも、育った子株には個性にばらつきがあります。多くの子株のなかから、際立った個性の子株と出会える可能性もあります。

春から秋までいつでもまけますが、苗として成長するには一定の温度が必要なことを考えると、春に作業を行うとあとの管理がスムーズです。発芽率は比較的よく、まいてから数週間から1か月程度で発芽します。葉が5枚以上になったら、小さなポリポットなどに鉢上げします。3年程度育てると、それぞれの株の性質がだんだん現れてきます。

step **1**

入手した
タネ

タネはインターネットなどで入手できるものもある。種類にもよるが、直径1cm弱で平たい形をしているものが多い。

step **2**

使用する
用土を準備

赤玉土細粒、バーミキュライト、ゼオライトを準備。

step **3**

容器に用土を
敷き詰める

ふたのできる透明で平らな容器を準備。食品用のものでもよい。下に水もちのよい赤玉土細粒を敷く。次にバーミキュライトを厚めに敷き詰める。

step **4**

ピンセットで
タネまき

バーミキュライトの
表面にピンセット
などを使って、タネ
を置いていく。

step **7**

ふたで
保湿を図る

水を全体の用土が
ひたひたになる程
度まで入れて、保
湿のためにふたを
する。ふたにはカッ
ターで十字の切れ
込みを入れ、空気
が入れ替わるよう
にする。

step **5**

タネを
均等に置く

タネどうしは2cm
程度離して、均等に
置くとよい。

step **8**

発芽したら
ふたを取る

遮光率40〜50%
の暖かい場所で管
理。発芽を始めた
らふたを取り、外気
にさらす。同じ置き
場で用土を乾かさ
ず管理。葉5枚以
上になったら、鉢
上げ。

step **6**

ゼオライトで
軽く覆土

タネが隠れる程度
にゼオライトなどで
軽く覆土する。ゼオ
ライトは多孔質で
水もちがよく、成分
には腐敗を防ぐ働
きがある。

step **9**

成長の
プロセス

上から、ホリダのタ
ネまきから1年目、2
年目、3年目の株。
葉数がふえると徐々
に形や色の特徴が
はっきり現れ、株ご
との性質もわかりや
すくなる。

5月

Agave

5月のアガベ

新緑の季節を迎えます。最低気温は10℃を切ることはなくなり、最高気温も20℃以上で、25℃以上の夏日もふえます。アガベは旺盛に成長を続け、中心部から新しい葉が次々と広がります。日照や風通しが悪いと徒長しやすい時期です。また、急な強い日光で葉焼けを起こすものもあるので注意します。

笹吹雪
さきふぶき

A. × nickelsiae

小さい株のときは葉の数が少なく、糊斑（葉の表面近くに入る斑）の美しさと先端の鋭いとげが目立つ。生育はゆっくりだが、葉数がふえるとやがてドーム状の迫力のある姿に成長する（50ページ参照）。

今月の手入れ

●**植え替え、鉢増し、株分け**／適期です。なるべく早めに行って、梅雨入りまでに新根を活着させます（62〜67ページ参照）。

●**縦割り**／切り口が乾きやすく、生育適温のため、新芽も伸びやすく、最適期です（70〜71ページ参照）。

●**タネまき**／適期です。遅くなると発芽後に暑い夏を迎え、苗の管理が難しくなります。なるべく早めに行います（72〜73ページ参照）。

●**胴切り、たけのこ切り、芯止め**／適期です。株の傷みが広がっている場合は急いで行います（84〜87ページ参照）。

この病害虫に注意

アザミウマなど／葉の裏側や葉が詰まった中心部に潜み、葉から吸汁します。被害が大きいときは、胴切り、たけのこ切り、芯止めで仕立て直しも可能です（84〜87ページ参照）。

これから活動が活発になるこの時期に、あらかじめ置き場に市販のアザミウマ用粘着トラップを設置しておくと予防になる。

カイガラムシなど／よく発生します。対処方法は90ページを参照してください。

今月の栽培環境・管理

置き場

●**雨が当たらず、風通しのよい戸外の0〜20%遮光の日なた**／雨が当たらず、風通しのよい戸外の日なたで育てます。5月に入ったら、強光に強いアメリカーナ、パリー、チタノタなどを除いて、遮光率10〜20%の遮光ネットの下に置いて育てます。日光が強くなっているため、特に晴天の日に無風の状態が続くと、葉焼けを起こしやすくなります。風通しをよくし、必要であればサーキュレーターなどを稼動させます。

遮光ネット

5〜10月の置き場

金属製パイプを組み、透明な農業用ビニールを張った簡易温室の例。側面のビニールは開放し、上面と南側に遮光率20%の遮光ネットをかけている。

簡易温室で育てている場合は遮光率10〜20%の遮光ネットで覆い、終日、窓や扉を開放して栽培します。簡易温室は大きさや設置場所によっては、内部で空気がよどむので、必要に応じて小型の送風機やサーキュレーターを稼動させて、常に空気を動かしておきます。

水やり

●**鉢土が内部まで乾いたらたっぷりと**／鉢土が内部まで乾いたら、株の上からたっぷりと水を与えます(89ページ参照)。乾燥とたっぷりの水やりを繰り返す、メリハリの効いた水やりを続けます。ただし、笹の雪、プミラ、ピンキーなど、葉が密集した種類は、これから湿度が高くなると蒸れやすいので、水は上からではなく、水差しで培養土に直接与えます(79ページ参照)。

肥料

●**1年以上、植え替えない株は施す**／春に植え替えを行えば、必要ありません。1年以上植え替えず、この春も植え替えない大株などは、3〜4月に置き肥を施していなければ、緩効性化成肥料(N-P-K=6-40-6など)を規定量施します。置き肥ではなく、規定倍率よりも薄い液体肥料(N-P-K=6-10-5など)を水やり代わりに月2回程度施してもかまいません。

Agave

6月のアガベ

6月上旬は近年、最高気温30℃以上の真夏日が続くことが多く、強い日光が照りつけます。中旬ごろには梅雨入り。雨の日が続いて日光が当たらず、湿度が高くなると、用土が乾きにくく、アガベは徒長しやすくなります。また、湿った空気がよどんでいると、葉が傷みやすくなります。梅雨時期の管理に切り替えます。

樹氷
じゅひょう

A. toumeyana ssp. *bella*

直径約25cm。アメリカから日本に導入。もとは野生種かもしれないが、特にペンキが輝く一品。細葉をフィラメントと呼ばれる白いひげが飾り、ペンキと一体となって、美しい株姿を見せる（33ページ参照）。

 ## 今月の手入れ

●**縦割り**／6月上旬まで行えます。中旬に梅雨に入ると湿度が高くなり、切り口が乾きにくくなります。適期を逃したら、梅雨明けか秋に行います（70〜71ページ参照）。

●**胴切り、たけのこ切り、芯止め**／株の傷みが広がった場合は急いで行います。切り口を乾かすことが大切なので、晴れの日が数日続くときを見計らって、その初日に行います（84〜87ページ参照）。

 ## この病害虫に注意

アザミウマなど／よく発生します。展開した葉に食害痕を見つけ、発生に気づくことも多くなります（86ページ参照）。置き場に粘着トラップを設置して防除します（74ページ参照）。必要であれば胴切り、たけのこ切り、芯止めなどで仕立て直します（84〜87ページ参照）。

水やり時に株の上から中心付近をシャワーで洗い流すと防除に役立つ。

カイガラムシなど／よく発生します。対処法は90ページを参照してください。

炭そ病など／気温が20〜30℃になり、湿度が高くなると発生します。風通しを図り、通常より乾かし気味にして、蒸れを防ぎます。

今月の栽培環境・管理

置き場

●**雨が当たらず、風通しのよい戸外の0～20%遮光の日なた**／5月に引き続き、風通しのよい戸外の日なたで育てます。強光に強いアメリカーナ、パリー、チタノタなどを除いて、遮光率10～20%の遮光ネットの下に置いて育てます。

　6月中旬に梅雨に入ったあとも、晴天の日は強い日光が降り注ぎます。このときに無風の状態だと、葉焼けを起こしやすくなります。鉢の間隔を広げるなどして空気がよく通るようにし、必要であればサーキュレーターなどを稼動させます。

　軒下などの屋根のある場所に置いていても、特に梅雨入り後は雨が吹き込んだりして株がぬれないように注意します。この時期は乾きにくく、病気の原因になります。

　簡易温室で育てていた株も雨の当たら

ない戸外に出して、風によく当てます。置き場として簡易温室を使いたい場合は、側面をすべて開放し、屋根だけにして、上を遮光率10～20%の遮光ネットで覆います。内部で空気がよどまないように、小型の送風機やサーキュレーターを稼動させて、一日中、空気を動かしておきます。

水やり

●**梅雨どきは鉢土が内部まで乾いて4～5日後**／6月上旬までは、鉢内の用土が完全に乾いてから、株の上からたっぷりと水を与えます（89ページ参照）。

　梅雨に入ったら、鉢土が内部まで乾いたのを確認して4～5日たってから、株の上からたっぷりと水を与えます。水やりの時間帯は暑くなる日中を避け、朝か夕方に行います。

　笹の雪、プミラ、ピンキーなど、葉が密集した種類は、湿度が高くなると蒸れて葉が傷みやすいので、水は上からではなく、水差しで培養土に直接与えます（79ページ参照）。

肥料

●**施さない**／6月は置き肥も液体肥料も施しません。梅雨を迎える時期に、過剰な肥料分があると葉が徒長しやすく、病害虫の発生原因にもなります。

**梅雨から夏は
株間を広く**

軒下はスペースが限られ、株を詰め込みがち。株間を十分に広げると風が抜けやすく、健全に育つ。

7月

July

7月のアガベ

梅雨どきは日照時間の平均が4時間を切る日が続出します。本来、暑さに強いアガベですが、日本の蒸し暑さは苦手です。生育は緩慢ですが、葉は間のびしやすく、葉色も淡くなりがちです。7月下旬の梅雨明け後は一転して、強烈な日光が降り注ぎ、30℃以上の真夏日が続きます。7〜8月は成長よりも株の維持を第一に考えます。

シャークスキン

A. 'Shark Skin'

暑さには比較的強い。写真の株はまだ小さい株だが、すでに太い葉がくねるように伸び上がり始めている。葉がふえてロゼットを形成すると量感のある力強い印象の株姿に変化する（48ページ参照）。

 今月の手入れ

●胴切り、たけのこ切り、芯止め／本来、梅雨から真夏は適期ではありません。しかし、高温多湿によって株が傷みやすい時期です。放置すると病気が広がって、枯死しかねません。異変が見られた株は胴切りやたけのこ切り、芯止めで生き残りを図ります。切り口が早く乾くように、晴れの日が数日続くときを見計らって、その初日に作業を行います（84〜87ページ参照）。

 この病害虫に注意

アザミウマなど／よく発生します。置き場に粘着トラップを設置して防除します（74ページ参照）。株の上からのシャワーも予防に効果的です（76ページ参照）。必要であれば、芯止め、胴切り、たけのこ切りなどで仕立て直します（84〜87ページ参照）。

カイガラムシなど／よく発生します。対処法は90ページを参照してください。

炭そ病など／発生した葉が確認しやすい時期です。症状の現れた葉はきれいに取り除き、しばらく水やりを控え、葉のついていた株元を十分に乾かします。風通しを

図り、通常より乾かし気味にして、蒸れを防ぎます。

炭そ病と思われる症状。下葉の先端が黒くなっている。すぐに葉をつけ根から取り除く。

今月の栽培環境・管理

置き場

●**雨が当たらず、風通しのよい戸外の0〜20%遮光の日なた**／6月に引き続き、株に雨が当たらず、風通しのよい戸外の日なたで、強光に強いアメリカーナ、パリー、チタノタなどを除いて、遮光率10〜20%の遮光ネットの下に置いて育てます。

　梅雨の間も晴天の日は強い日光が降り注ぎます。このときに無風だと、葉焼けを起こしやすくなります。鉢の間隔を広げるなどして空気がよく通るようにし、必要であればサーキュレーターなどを稼動させます。7月下旬には梅雨が明け、ますます強い日光が照りつけます。風通しを徹底し、高温になるのを防ぎます。

　この時期に雨が吹き込んでぬれると乾きにくく、病気の原因になります。台風の発生が多くなる時期です。雨風の影響が予想される場合は、事前に室内や簡易温室などの安全な場所に株を取り込みます。

column

梅雨どきの遮光ネットのかけ外し

　雨や曇りの日が続くと、遮光ネットの下で育てている株は徒長しがちです。雨や曇りの日は遮光ネットを外し、晴れた日にはまたかけて明るさを調整するのが理想です。ただし、急な晴れ間で葉焼けを起こすことのないよう、注意が必要です。

水やり

●**鉢土が内部まで乾いて4〜5日後**／6月に引き続き、鉢土が内部まで乾いたのを確認して4〜5日たってから、株の上からたっぷりと水を与えます。時間帯は朝か夕方に行います。梅雨明け後は、日中に水を与えると、鉢の内部で水が熱湯のようになり、根腐れの原因になります。

　この時期に水を多く与えると、株は吸えるだけ吸って水分を蓄えようとし、葉が間のびして、株姿を大きく乱します。また、葉の膨張に成長が追いつかず、葉の表面が縦に割れることもあります。その反面、水切れに陥ると、突然の晴天で葉焼けが起きてしまいます。天気予報を常に確認しながら、水やりのタイミングを見つけます。

蒸れやすければ
水やりは
培養土に直接

葉が密集した笹の雪、ブミラ、ピンキーなど、蒸れやすい株は、水差しで培養土に直接水を与えるとよい。

肥料

●**施さない**／気温の高い時期は、葉が間のびしやすいので、肥料は施しません。

Agave

8月のアガベ

8月上旬は最高気温35℃以上になる猛暑日が続きます。アガベは生育を緩慢にすることで、日本の蒸し暑い夏を耐えています。株姿はゆるみがちで、葉やとげの色も淡くなってきます。葉のしおれがひどい株は水切れに近いか、蒸れで根が弱っている証拠。夏越しの失敗が異変として現れやすい時期なので、株の状態をよく観察しましょう。

チタノタ×ホリダ

A. titanota × A. horrida

アメリカの育種家の手によるチタノタとホリダの交配種。両親の性質を融合した楽しみな実生苗。両親の原産地は一部で重なるため、この株を見ていると自然交雑もありえそうな気がしてくる。

今月の手入れ

●**植え替え、鉢増し、株分け**／秋の植え替えの適期は9月からです。植え替える株の数が多いなど、どうしても早く作業を始めたい場合は、8月下旬であれば行うことも可能です（62～67ページ参照）。その場合も暑さに強い種類のみにします。

●**胴切り、たけのこ切り、芯止め**／梅雨から真夏の間に株が傷むと、この時期に症状として葉にはっきりと現れてきます。夏はできるだけ株をいじらず、維持するのが基本ですが、異変に気づいたら、すぐに胴切りやたけのこ切り、芯止めで株を救います。切り口が早く乾くように晴れの日が数日続くときを見計らって、その初日に作業を行います（84～87ページ参照）。

この病害虫に注意

アザミウマなど／よく発生します。置き場に粘着トラップを設置して防除します（74ページ参照）。株の上からのシャワーも予防に効果的です（76ページ参照）。必要であれば胴切り、たけのこ切り、芯止めで仕立て直します（84～87ページ参照）。

カイガラムシなど／発生が多い時期です。葉のすき間などに潜んでいるので、気づいたらすぐに綿棒やピンセットなどで取り除きます（90ページ参照）。

炭そ病など／発生しやすい20～30℃よりも高温になり、ほぼ心配ありません。風通しを図り、蒸れを防ぎ、予防に努めます。

今月の栽培環境・管理

置き場

●**雨が当たらず、風通しのよい戸外の0～20%遮光の日なた**／7月に引き続き、株に雨が当たらず、風通しのよい戸外の日なたで、強光に強いアメリカーナ、パリー、チタノタなどを除いて、遮光率10～20%の遮光ネットの下に置いて育てます。

　お盆過ぎまでは気温も高く、強い日光が降り注ぐ日が多くなります。葉焼けを起こさないように、十分に風通しを図ります。鉢の間隔を広げるなどして空気がよく通るようにし、必要であればサーキュレーターなどを稼動させて、空気を動かします。

　近年は夕立だけでなく、ゲリラ豪雨も多くなっています。また、台風がよく発生する時期になります。雨が吹き込んで株をずぶぬれにしたり、強風で鉢ごと飛ばされたりしないように、事前に室内などの安全な場所に取り込みます。

晴天時の葉焼けを防ぐ

20%の遮光下でも突然の晴天で葉焼けを起こすことがある。大きめの鉢底網を一時的に株の上にかぶせると予防になる。植え替え直後の株の養生時にも有効。

水やり

●**鉢土が内部まで乾いて4～5日後**／7月に引き続き、鉢土が内部まで乾いたのを確認して4～5日たってから、株の上からたっぷりと水を与えます（89ページ参照）。時間帯は朝か夕方に行います。日中に水を与えると、鉢の内部で水が熱湯のようになり、根腐れの原因になります。

　この時期に水を多く与え、いつまでも湿った状態にしていると、葉がすぐに間のびして、株姿を大きく乱してしまいます。逆に水やりを控えすぎて、水分が不足していると、葉の温度が上がりやすくなり、葉焼けの原因になることがあります。また、夏の間、水やりを止めてしまうと、秋になって出てくる新葉が小さくて細長くなり、株姿が乱れてしまいます。

　鉢内の水分を早く乾かすようにして、水を与えるときはたっぷり与える、メリハリの効いた水やりが大切です。

　笹の雪、プミラ、ピンキーなど、葉が密集した種類は蒸れて葉が傷みやすいので、水差しで培養土に直接水を与えます（79ページ参照）。

肥料

●**施さない**／気温の高い時期は、葉が間のびしやすいので、肥料は施しません。

9月

Agave

9月のアガベ

9月上旬はまだ最高気温30℃以上の真夏日が多いものの、お彼岸を迎えるころには気温が下がり、涼しくなります。アガベは生育を再開し、中心部の葉が開き、次の新葉が見えてきます。葉は厚みを増し、株姿が引き締まり、葉やとげの色も徐々に濃くなってきます。この時期にしっかりと管理をして、株を大きく育てましょう。

キュービック 覆輪

A. 'Cubic' marginata

直径25〜30cm。17ページの'キュービック'の覆輪種。葉が突然変異で四角くなり、それぞれの縁に赤みを帯びた鋸歯と明るい覆輪が入り、いっそうエッジが強調。より複雑で荒々しい姿を見せる。

 今月の手入れ

●**植え替え、鉢増し、株分け**／秋の適期です。今年春に行っていなければ行います。気温が下がると作業後の根の活着が遅れるので、早めに済ませます。秋は根鉢をくずさずに一回り大きな鉢に植え替える「鉢増し」でもかまいません（62〜64ページ参照）。株分けも早めに済ませましょう（66〜67ページ参照）。

●**縦割り**／適期です。早めに行うようにします（70〜71ページ参照）。

●**胴切り、たけのこ切り、芯止め**／適期です。夏の間に徒長した株、傷んだ株、下葉が炭そ病で枯れた株も仕立て直せます。急いで行います（84〜87ページ参照）。

 この病害虫に注意

アザミウマなど／まだ発生が続きます。植え替えで株を健全に保つことが最大の予防策です。粘着トラップの設置を続け（74ページ参照）、時折予防に株の上からシャワーをします（76ページ参照）。被害が大きければ、胴切り、たけのこ切り、芯止めで仕立て直します（84〜87ページ参照）。

カイガラムシなど／植え替え時に根や葉のすき間を確認し、見つけたら捕殺します（90ページ参照）。

炭そ病など／再び発生の多い時期です。株が密集しないように互いに離し、風通しをよくして蒸れを防ぎます。症状の出た葉は早めに取り除きます（78ページ参照）。

今月の栽培環境・管理

置き場

●**雨が当たらず、風通しのよい戸外の0～20%遮光の日なた**／8月に引き続き、株に雨が当たらず、風通しのよい戸外の日なたで、強光に強いアメリカーナ、パリー、チタノタなどを除いて、遮光率10～20%の遮光ネットの下に置いて育てます。暑さが和らいできますが、秋晴れで強い日光が当たることもあります。遮光ネットは9月末まで張ったままにします。

また、葉焼けを起こさないように、十分に風通しを図ります。鉢の間隔を広げるなどして空気がよく通るようにし、必要であればサーキュレーターなどを稼動させて、空気を動かします。

温度が下がってくると、笹の雪、プミラ、ピンキーなどを除けば、雨が吹き込んで株に多少かかるくらいであれば、問題ありません。また、台風の多い時期です。強風で鉢ごと飛ばされたりしないように、事前に室内などの安全な場所に取り込みます。

水やり

●**鉢土が内部まで乾いたらたっぷりと**／9月になったら、鉢土が内部まで乾いたら、株の上からたっぷりと水を与えます（89ページ参照）。時間帯は朝か夕方に行います。10月に近づくにつれて気温が下がり、用土の乾き方が遅くなって、自然と次の水やりまでの間隔があいていきます。与える水の量はたっぷりですが、「乾いたら」を守ることで、水のやりすぎを防ぎます。

笹の雪、プミラ、ピンキーなど、葉が密集した種類は、蒸れないように水差しで培養土に直接水を与えます（79ページ参照）。

肥料

●**1年以上植え替えていないものに施す**／春に植え替えたものや、この9月に植え替えるものは、培養土に元肥を混ぜているので、追肥は必要ありません。

大株のものなど、1年以上前に植え替え、この秋に植え替える予定のない場合にのみ、置き肥として緩効性化成肥料（N-P-K=6-40-6など）を規定量施すか、液体肥料（N-P-K=6-10-5など）を規定倍率よりも薄めにし、水やり代わりに施します。秋に施す肥料はチッ素分の少ないものが適しています。

葉が黄色く
なった株

葉が全体に黄色く、厚みも不足。肥料不足が疑われるが、すぐに追肥せず、根詰まり、根腐れを確認。必要なら植え替える。葉焼けでも同じ症状が出る。

傷んだ株の仕立て直し①

胴切り

中心部を切って植え直す

適期
3月半ば〜10月

放置せずなるべく早く対処する

アガベは梅雨時期の蒸し暑さが苦手で、この時期に管理を間違えると葉の傷みが急激に進行することがあります。また、何年も植え替えをしないと、下葉が何枚も枯れ、株姿が大きく乱れることもあります。枯れた下葉は病害虫の温床になり、ほかの株に被害が広がることもあります。

傷んだ状態で放置していると、さらに傷みが進行するので、春から秋の間であれば、晴れの日が続くときを見計らって、なるべく早く傷んだ部分を取り除きます。中心部の成長が続いていれば、中心部を切り取る「胴切り」を行うことで、新たに株を仕立て直すことができます。

胴切り後の株の植えつけは「植え替え」と同じ要領で行います（62〜64ページ参照）。ナイフやハサミ、ノコギリ、ペンチなどは株に触れる前に接触部分をライターの火であぶるなどして消毒します。特に傷んだ株に触れるとほかの株に病気を媒介するおそれがあるので、作業後消毒しておきましょう（103ページ参照）。

step **1**

根詰まりで傷んだ株

前の植え替えから5年がたった株。根詰まりを起こし、株姿、葉色が悪くなり、下葉が次々と枯れ始めている。一部の葉には炭そ病も発生している。

step **2**

枯れた下葉を取る

傷んだ下葉は下から順にすべて取り除く。傷んだ葉を横にずらすように引っ張るのがコツ。葉が堅い場合は鋸歯に気をつけ、ペンチなどを使って取り除く。

step **3**

傷んだ葉は取り除く

枯れた下葉の上の葉でも、傷みが見られる場合は取り除く。とげがあり、そのままでは取りにくい場合は葉をハサミなどで切って短くするとよい。

step

4

下向きに
ひねって取る

葉をつかんで引っ張りながら、下向きにひねるとつけ根から取れやすい。

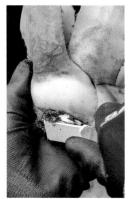

step

7

茎の
白い部分を
出す

さらに褐色になっている部分はへらなどできれいに削り取り、白い部分のみにする。

step

5

茎をノコギリで
切る

枯れた下葉、傷んだ葉をきれいに取り除くと、株元の茎の部分（胴）が露出してくる。太くて堅いのでノコギリで切り離す。

step

8

切り口を
水で洗う

切り口に水をかけて、汚れとともに雑菌を洗い流す。

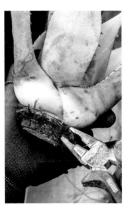

step

6

残った葉の
つけ根を
取り除く

切り離した茎の部分で、葉がついていた箇所は病原菌が残っている可能性が高い。ペンチなどで取り除く。

step

9

切り口を
乾かす

上下を逆さにして、1〜2週間、半日陰の風通しのよい場所に置いて、切り口を十分に乾燥させる。

（写真の種類はトルンカータ）

step **10**

水に浸して
根出し

切り口が白く堅くなったら、水を入れた器に、茎の部分を浸して、半日陰に置いておく。水は毎日入れ替えて、腐敗しないように気をつける。

step **11**

根が出てきたら
植えつけ

1か月程度で白い根が伸びてくる。長さ1～3cmになったら、鉢に植えつける。

point

元の株からも
子株が
とれることも

残った株はそのまま、半日陰で切り口をよく乾燥させる。生きていれば、右の芯止めと同様に切り口付近から新芽が出て、ふやすことができる。

傷んだ株の仕立て直し②

たけのこ切り

徒長株や途中の葉が
傷んだ株に向く

適期
3月半ば～10月

元の株から子株の発生を促す

「胴切り」と手順は同じですが、胴切りが成長点よりも下の茎を切るのに対し、成長点よりも上の場所で切る方法です。名称は切り口の形を見て私がつけたものです。

株の状態によっては、胴切りが難しいものがあります。一つには、株が徒長し、中心部がひどく間のびした場合。もう一つは、アザミウマによる食害や炭そ病の発生などで、中心部に近い葉が傷んだ場合です。どちらも、胴切りをしても上の部分が形の整った株として使えないため、取り除き、下の株から新しい葉が出るのを待ちます。

また、茎が短く、胴切りができない場合もたけのこ切りを行います。

緑色が薄くなり、傷がついている

アザミウマの
食害

新葉のときに食害されると、成長したあと、大きな模様となって残る。ひどいと葉に穴があくことも。中心部に近いと、胴切りによる仕立て直しは困難。

傷んだ株の仕立て直し③

芯止め

小さい株や中心部が
ひどく傷んだら

step 1

中心部の
茎の上を切る

傷んだ葉を含め、中心部の葉を切る。茎よりも上を切ることで、成長点を下の株に残す。芽が出るまで遮光率20%にするほかは通常の管理でよい。

最も新しい
葉の軸の下に
成長点がある

適期
3月半ば〜10月

成長点をつぶしてわき芽を出す

小型種や小さい株の葉が傷むと、中心の茎も小さいため、胴切りもたけのこ切りもできません。また、新葉まで病害虫で傷んだ場合は、中心部からの新葉の伸びをあきらめる必要があります。中心部の成長点を取り除き、芯の伸びを止め、わき芽から子株の発生を促します。

step 2

新しく
伸びた部分を
切り離す

成長点が残っているので、中心部から新しい葉が伸び、半年できれいな姿に整う。今度は成長点も一緒に切り離す。切り方、株の整え方は胴切りの**6〜11**と同じ手順。

新しく
伸びた部分

芯止めの仕方

彫刻刀などで
茎の中央を
えぐって
成長点をつぶす

中心部の葉を
すべて取り除き、
茎の上を切る

step 3

発根したら
植えつけ

1か月ほどたち、茎の部分から根が伸び出したら植えつける（62〜64ページ参照）。右の芯止めと同様に、元の株から子株が伸び出してとれることも。写真の種類はチタノタ。

→半日陰に置いて管理すると、1か月ほどで、つぶした茎のまわりから新しい芽が伸び始める。半年もすると子株として切り離して育てられる。

Agave

10月のアガベ

秋の成長期で株姿が引き締まり、葉色も濃くなります。種類によってはとげの色も濃く、つやも増して、3〜4月と並ぶ、1年でも最も美しい姿が観賞できます。10月下旬になると気温が下がり、最低気温は10℃を切ることは少ないものの、生育は次第にゆっくりになり、水分の吸収も悪くなってきます。

メリコ錦、クリームスパイク

A. applanata 'Cream Spike'

秋になり気温が下がってくると緑色が濃くなり、クリーム色の覆輪がより鮮明になる。この株はまだ小さいが、成長すると葉が鋭く放射状に広がり、美しい株姿になる(29ページ参照)。

 ## 今月の手入れ

●**植え替え、鉢増し、株分け**／今年春に済ませていないものは、10月中に植え替えます。これから気温が下がるため、根鉢をくずして根を切って植え替えると、活着が遅れるので、できるだけ早く済ませます。購入したなどで遅く植え替える場合は、秋は根鉢をくずさずに一回り大きな鉢に植え替える「鉢増し」が安全です(62〜64ページ参照)。また、株分けも同様に早めに済ませましょう(66〜67ページ参照)。

●**縦割り**／10月いっぱいまで行えます(70〜71ページ参照)。

●**胴切り、たけのこ切り、芯止め**／10月いっぱいまで行えます。この時期になると気温も下がり、急に傷む株は少なくなります。夏に傷んだ株の仕立て直しは、この時期が年内最後のチャンスなので済ませておきましょう(84〜87ページ参照)。

 ## この病害虫に注意

アザミウマなど／発生が多いのは10月上旬までです。必要であれば、胴切り、たけのこ切り、芯止めで仕立て直します(84〜87ページ参照)。

カイガラムシなど／植え替え時に根や葉のすき間を確認し、見つけたら捕殺します(90ページ参照)。

炭そ病など／気温の低下とともに少なくなります。発生したら被害の出た葉を早めに取り除きます(78ページ参照)。

今月の栽培環境・管理

置き場

●**雨が当たらず、風通しのよい戸外の日なた**／日ざしが弱くなってくるので、10月に入ったら設置していた遮光率10〜20％の遮光ネットを取り除きます。雨が当たらず、風通しのよい戸外の日なたという条件を確保していれば、基本的にこれまでと同様の置き場でよく、遮光ネットを取り除くだけでもかまいません。

　生育期で水やりをたっぷりと行っているので、日中は日光によく当て、しっかりと風通しを確保し、培養土が早く乾くようにして、徒長させないようにします。

　笹の雪、プミラ、ピンキーなどを除けば、雨が吹き込んで株に多少かかるくらいであれば、問題ありません。秋の長雨で数日間、雨が降る場合は、軒下や雨よけのある場所などに移動させて、株が湿らないようにします。まだ台風のシーズンが続いています。影響が予想されるときは事前に室内などの安全な場所に取り込みます。

　簡易温室がある場合は、月末には内部に株を置いて育ててもよいでしょう。一日中、窓や扉は開け放したままにして、風通しを確保します。10月下旬になり、気温が下がる日があれば、夜間だけ窓や扉を閉じ、朝に開けるとよいでしょう。必要であれば小型の送風機やサーキュレーターを稼動させて、常に空気を動かしておきます。

水やり

●**鉢土が内部まで乾いたらたっぷりと**／鉢土が内部まで乾いたら、ジョウロやホースのシャワーノズルなどで、株の上からたっぷりと水をかけるようにします。葉の表面の汚れや代謝物などを洗い流す効果があり、より健全な株づくりに役立ちます。

　笹の雪、プミラ、ピンキーなど、葉が密集した種類は、蒸れないように水差しで培養土に直接水を与えます（79ページ参照）。

　気温の低下とともに用土が乾くのに時間がかかるようになり、次の水やりまでの間隔が広がっていきます。

基本の
水やりは
株の上から

ジョウロやホースのシャワーノズルなどで、株の上から水をかける。量も考えながらの水やりは慣れも必要。

肥料

●**施さない**／10月は生育期ですが、11月には生育が緩慢になり、株は冬越しの準備に入ります。肥料分が余分に残っていると徒長の一因になるため、追肥は施しません。

Agave

11月のアガベ

11月に入ると、最低気温が10℃を下回る日がふえ、木々の紅葉が進みます。アガベは新葉の成長が目立たなくなり、株全体の生育が緩慢になります。株姿は引き締まった美しい状態を保ち、葉色も濃いままです。早い年は中旬ごろから霜が降りることがあります。最低気温をよく確認して、極端な寒さに当てないように注意します。

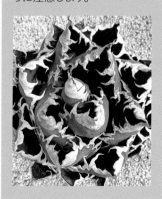

スーパーチタノタ

A. titanota 'Super Titanota'

真っ白で幅広い鋸歯によって、チタノタの荒々しさが際立つ品種（22ページ参照）。真上から見ると、美しい株姿にまとまっているものの、巨大な鋸歯が強調されて、いかつさが倍増。まるで別の生き物のよう。

今月の手入れ

生育緩慢期から休眠期へ移行する時期です。作業は特にありません。

この病害虫に注意

カイガラムシなど／活動が目立たなくなります。暖かい簡易温室などに置いている場合は、葉のすき間などで見つかることがあります。気づいたら、すぐに綿棒やピンセットなどで取り除きます。

カイガラムシによる被害

中心部に黒いすすが付着。カイガラムシの排せつ物にカビが発生したもの。葉のすき間などをよくチェックする。

column

冬の置き場

日光がよく当たり、軒下などの雨や霜が当たらない場所を選ぶ

南向きの壁面は日中に太陽が当たり、夜も暖かい

適度に株間をあけて風通しよく

今月の栽培環境・管理

置き場

●**雨や霜の当たらない戸外の日なた**／11月になったら、冬の置き場に切り替えます。軒下やベランダなど、雨や霜の当たらない戸外の日なたに置きます。住宅の南向きの壁面のそばなどは、強い北風を防ぐことができ、また日中、日光に当たった壁からの輻射熱で夜まで暖かく、置き場とするには理想的です。また、日中に日光によく当てて、鉢が温まっていると寒さに強くなります。

　夜から明け方の最低気温を基準に考えて5℃を下回りそうなときは、寒さに弱い種類（54ページ参照）は事前に日光のよく当たる室内の窓辺などに移しておきましょう。最低気温が0℃以下になる場合は、寒さに比較的強い種類（54ページ参照）も同様にします。

　戸外に簡易温室があれば、寒さをしのぎやすくなります。11月には利用を始めましょう。日中は窓や扉は開け放したままにしますが、夕方から朝までは窓や扉を閉じます。気温の低下に合わせて、徐々に窓や扉の開けるすき間を小さくしていくなど、株を寒さに慣らしながら、冬の管理に移行していきます。

　朝には必ず窓や扉を開放して内部の急激な温度上昇を防ぎ、昼は20～30℃に保ちます。簡易温室も大きさや置き場によって

は、内部で空気がよどみがちです。小型の簡易温室ほど、開け閉めによる温度管理に気を配る必要があります。大きめのものは内部で空気が停滞しないように、必要に応じて小型の送風機やサーキュレーターを稼動させて、常に空気を動かしておきます。

　戸外で株に雨がかかるのは多少であれば、問題ありません。長雨で数日にわたって雨が降るときは、雨よけの下や室内の日当たりのよい場所に株を移動させます。

水やり

●**鉢土が内部まで乾いたらたっぷりと**／10月に引き続き、鉢土が内部まで乾いたら、株の上からたっぷりと水を与えます（89ページ参照）。

　アガベの生育は緩慢になり、気温の低下とあいまって、用土はなかなか乾かなくなってきます。いつまでも湿ったままだと根腐れの原因になります。様子を見ながら、必要に応じて、乾いてから1～数日間、待ってから水やりを行ったり、1回当たりの水の量を鉢の容積の半分程度まで減らすなどの工夫をするとよいでしょう。

肥料

●**施さない**／生育緩慢になっているため、肥料は必要ありません。

12月

December

Agave

12月のアガベ

12月に入ると、最低気温が5℃を下回る日がふえ、まれに0℃を割り込む日も出てきます。霜が降りたり、氷が張ったりする日もあります。寒波の到来には注意が必要です。年末には最高気温が10℃以下の日も多くなってきます。アガベはほぼ成長を止め、変化しなくなり、中旬ごろから休眠期に入ります。

トルンカータ

A. parryi var. truncata

パリーの変種で白い粉を吹いた葉が美しい。寒さに強く、関東地方以西であれば、戸外でも栽培できる。ただし、雨ざらしにしていると、白い粉が流れ落ち、薄茶色く汚れた感じになるので注意（19ページ参照）。

今月の手入れ

12月中旬からほとんどの種類は休眠期に入ります。この時期に行える作業はありません。

この病害虫に注意

カイガラムシなど／カイガラムシは根や葉のすき間などで冬眠に入ります。暖かい簡易温室や室内に置いていると、まだ活動が続き、しばしば見つかることがあります。気づいたら、すぐに綿棒やピンセットなどで取り除きます（90ページ参照）。

column

寒さに強くする栽培法

それぞれの種類には寒さに耐えられる限界の温度があり、それ以下の気温に一度でも当ててしまうと、葉に霜焼けが生じるなどして傷んでしまいます。特に注意したいのは11〜12月のまだ株が寒さに慣れていない時期です。例えば東京地方では最低気温5℃以下の日は、早ければ11月中旬ごろから、0℃以下の日は12月上旬ごろから始まります。

日中はできるだけ長時間、株に日光を当てていると、低温に耐えやすくなります。反対に日当たりが悪いと、葉が間のびして株姿が悪くなるだけでなく、寒さで傷みやすくなります。

今月の栽培環境・管理

置き場

●**雨や霜の当たらない戸外の日なた**／11月に引き続き、軒下やベランダなど、雨や霜の当たらない戸外の日なたで育てます。夜から明け方の最低気温を基準に考えて5℃を下回りそうなときは、寒さに弱い種類（54ページ参照）は事前に日光のよく当たる室内の窓辺などに移しておきましょう。最低気温が0℃以下になる場合は、寒さに比較的強い種類（54ページ参照）も同様にします。雨に当てないのは、この時期は気温が低く、乾きにくいためです。

　簡易温室があれば、株を内部に置いて育てます。日中に日光が当たって内部の温度が高くなるときは窓や扉を開放し、夕方から早朝までは閉めきります。ただし、小型の簡易温室は温度を保ちにくく、夜中には周囲とほぼ同じ温度になります。内部の温度が上記の基準の温度以下になるときは、室内の窓辺などへ移動させるか、加温装置があれば稼動させて保温します。

　最初から冬の基本の置き場を日光のよく当たる室内の窓辺をメインにして栽培することもできますが、日中は戸外の日なたに出すなどして、直射日光が当たる時間をできるだけ長くします。冬の間の日照時間が短いと、生育期になって中心部から出てくる新葉がやせて細くなり、株姿が乱れる原因になります。

水やり

●**水やりの回数と水の量を徐々に減らす**／11月は鉢土の内部まで乾いたら、水をたっぷりと与えていましたが、12月に入ったら、鉢土の内部まで乾いたあと、徐々に間隔をあけ、数日から1週間程度待ってから、水やりを行うようにします。1回に与える水の量も徐々に減らしていきます。水を与えるときはこれまでどおり、株の上からです（89ページ参照）。

　12月中旬には休眠期に入るため、鉢土の乾きは遅くなっています。また、水やりの間隔をあけるため、頻度も少なくなっていきます。特に最低温度5℃以上で管理する寒さに弱い種類は、下旬には水やりを休止した状態と変わらなくなります。

　ちなみに1〜2月は、最低温度5℃以上で管理する寒さに弱い種類には水を与えません。また、最低温度0℃以上で管理する寒さに比較的強い種類には、鉢土が完全に乾いて1週間程度たってから、株の上から鉢土の3分の1の容量の水を与えます。12月は1〜2月の水やりへの移行期間と考えるとわかりやすいでしょう。

肥料

●**施さない**／生育緩慢期から休眠期なので、肥料は施しません。

原産地の環境

笹の雪の群生。直径が50cmに及ぶ、球状に美しく成長した大株があちこちに見られる。

アガベの宝庫、メキシコの高原地帯

　約300種といわれるアガベですが、最も数が多く、多様な種類が見られるのは、アメリカ南西部からメキシコの中部にかけてです。

　この地域は山脈と渓谷が入り組んだ高原地帯で、標高はおおよそ1000〜2000m。植生の区分は、砂漠もしくは低木や草地の生える乾燥したステップ地帯がほとんどで、この地に特有のサボテンやアガベなどの多肉植物が数多く見られます。こうした乾燥地の高原の東西には、マツやカシの林、さらには熱帯常緑樹が広がり、メキシコ南部の熱帯雨林へとつながっています。

　アガベが多く見られる代表的な地域の一つに、アメリカ南西部からメキシコへと続くチワワ砂漠とその周辺があります。日本でも昔からよく栽培されてきた笹の雪（*A. victoriae-reginae*、43ページ参照）は、まさにこの地域のコアウイラ州とヌエボ・レオン州が原産地。標高1200〜1500mの乾燥した高原では、崖の斜面や転がった岩が堆積した場所などに笹の雪が点在して育っている光景が見られます。

　なお、この付近には、本書で取り上げた種類のなかではブラクテオーサ、ジェントリー、オバティフォリアなども自生しています。

切り立った崖に点在するのも笹の雪の特徴。日光がよく当たり、常に風が吹いている。岩の割れ目やくぼみには水分や養分がたまりやすく、タネが落ちると発芽しやすいと考えられる。

メキシコ北東部ヌエボ・レオン州の州都モンテレイから近郊の高地へ向かって車を走らせると、低木や草で覆われた山並みが見えてくる。

斜面がゆるやかになった場所には大きな岩が堆積。笹の雪は大きな岩の間に根を下ろして育っている。開けた場所で日光がよく当たる。降雨時には水が集まりやすいためか、周囲には低木も生えている。

セドロス島の海岸近くで大株に育ったセバスチアナ。直径100cmを超す大株になるものも。パリーに似た姿で、灰色がかった葉が美しい球形を形成する。

多様な環境に適応

アガベは高原地帯だけでなく、低地にも分布しています。メキシコ西部のバハ・カリフォルニア州の太平洋沖に浮かぶセドロス島では、この地特有のアガベ、セバスチアナ（*A. sebastiana*）が海岸近くに自生している光景が見られます。セドロス島の低地は、バハ・カリフォルニア半島と同様、高温で乾燥した地域ですが、常に風が強く吹きつけ、朝には霧がよくかかります。

セドロス島は太平洋に浮かぶ島だが、低地は乾燥地。わずかな低木に混じってセバスチアナが点在する。子株が出ることは少なく、タネからふえるのが普通。写真中央の2株は花茎を伸ばして開花してすでに枯死。その両わきには別の株が育っている。左手前はサボテンのフェロカクタス・クリサカンサス（金冠竜）。

原産地と日本の気候

　原産地の月別気温と降水量を日本の東京と比べてみましょう。フェニックスはアメリカーナやパルメリーなどが自生するアメリカ南西部アリゾナ州の、モンテレイはメキシコの笹の雪などが自生するヌエボ・レオン州の、オアハカはチタノタなどが自生するオアハカ州の、それぞれ州都です。

　メキシコの2都市は夏の4か月ほどの雨季とそのほかの乾季に分かれ、フェニックスは砂漠地帯にあり、降水量は多くても月平均で30mmに届くことはありません。東京は最も雨の少ない冬でも月平均で50mmを切ることはなく、これらの3都市と比較すると一年中、雨が多いともいえます。

　モンテレイと東京は、夏の最高気温、最低気温がほぼ同じですが、降水量はモンテレイが東京の半分程度です。オアハカはやや降水量は多いものの、高原のため、年間を通じて最低気温は16℃止まりで、夜間は涼しいことがわかります。フェニックスは5〜9月に極端な高温になりますが、雨はめったに降りません。こうしてみると、原産地と日本の気候の最大の違いは、夏の高温時の多湿ということになります。

東京の月別気温と降水量

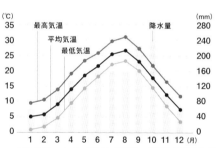

気象庁ホームページより、1991〜2020年の平均値。

フェニックスの月別気温と降水量
（アメリカ南西部アリゾナ州の州都、標高約330m）

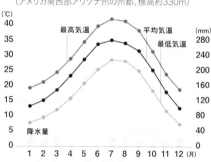

weatherbaseのデータより
（http://www.weatherbase.com）。
1991〜2020年の平均値。

モンテレイの月別気温と降水量
（メキシコ北東部の都市、標高約500m）

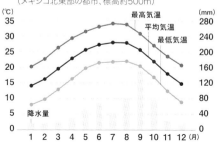

オアハカの月別気温と降水量
（メキシコ南部の都市、標高約1500m）

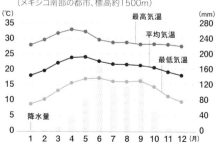

メキシコの国立気象局
（Servicio Meteorológico Nacional）のデータ。
1951〜2010年の平均値（左右とも）。

育て方の基本

生育のサイクル

新葉を充実させ、株を大きくする

●春と秋に美しい姿で育つ

アガベの生育タイプはしばしば夏型と言われますが、近年の日本の猛暑を考慮すると、春秋型と考えたほうがいいかもしれません。乾燥地帯の高温の場所で育つイメージがありますが、原産地の環境は幅広く、種類によって耐えられる暑さや寒さは異なります。しかし、生育適温はおおむね12〜30℃で、これを日本の気候に当てはめると、真夏を除く春から秋が生育期になります。

日本の冬はアガベの生育適温よりも気温が低い日が多く、アガベの生育は止まります。夏は気温だけを考えると耐えられる種類が多いものの、原産地と比べて日本は蒸し暑く、夜間の気温が下がらないため、生育は停滞します。

そこで、アガベを維持するには、こうした生育リズムに合わせて、春と秋に水と肥料を与えて株を成長させ、冬と夏は水やりにメリハリをつけ、春と秋の生育に備えることが大切になります。

●管理のよしあしは遅れて現れる

しかし、アガベ栽培は単に株の維持だけではなく、入手した小さな株を毎年少しずつ成長させ、美しい姿の株へと育てていくところに醍醐味があります。

じつは、休眠期の冬もアガベは完全に活動を止めているわけではなく、春以降の成長の準備をしています。冬の間も長時間日光に当て、水やりも回数や量は少なく抑えながらも続けていると、3月以降に中心部の新葉が動きだし、肉厚で太い葉が出て大きくなり、それまでの葉と負けない立派な葉へと育っていきます。

反対に、冬の間に日照不足などで管理に何らかの問題があると、新葉は薄くて細くなり、大きく育たなくなります。すると株姿が乱れるだけでなく、同じ状態が続くと株の生育の勢いが衰え、病害虫の被害にもあいやすくなってしまいます。

一般の草花では栽培管理のよしあしはすぐに株の状態に現れますが、アガベは何か月かたってから現れてきます。新しく成長した葉を見て、それまでよりも生育が劣っていれば、直近の管理だけでなく、年間の栽培を見直して、対策を立てましょう。

栽培に慣れるまでは、中心部の葉をよく観察するとよい。一番最初に生育のよしあしが現れる。

置き場

日当たりと風通しを
確保する

●まずは日照時間と風通しの確保

アガベの基本の置き場は、①日光が長時間よく当たり、②風通しのよい場所です。まずこの2つの条件を満たしつつ、季節ごとに必要とされる条件を加えて、置き場をつくっていきます。

11月から3月までの霜が降りやすい時期は、①②の条件を満たし、同時に雨と霜が避けられる場所に置きます。具体的には南向きの軒下やベランダ、簡易温室などがよいでしょう。

4月以降は、やはり①②の条件を満たした場所で、日光が強くなる5〜9月は葉焼けを防ぐため、置き場を遮光率10〜20%の遮光ネットで覆います（アメリカーナ、パリー、チタノタなどは遮光しなくてよい）。

春と秋の生育期は、置き場に吹き込んだ雨が多少かかるくらいであれば、問題はありません（ただし笹の雪、ピンキー、プミラなどは雨に当てない）。しかし、高温多湿になる6月中旬〜9月下旬は、乾きにくかったり、わずかな湿り気が徒長につながったりするので、基本的に雨は当てないようにします。

栽培している株が少なければ、それぞれの時期で理想の置き場を見つけ、株を移動させるとよいでしょう。株数がふえてきたら、庭やベランダ、バルコニー、屋上などに栽培用の棚を設置し、必要に応じて上に遮光用のネットや雨よけ用の透明なビニールを張ると、1年を通して同じ置き場で栽培ができます（75ページ参照）。

注意したいのは、単に日当たりだけでなく、できるだけ長く日照時間を確保することです。特に冬は最低気温が低くなると、株を室内に取り込みますが、冬は日照時間が短いうえに、窓から日光がさし込む時間になるとさらに少なくなります。時間ごとに日光のよく当たる場所に株を移動させると、美しい株姿を保ちやすくなります。

風通しは忘れられがちですが、徒長や蒸れによる葉の傷み、夏場の葉焼けなどを防ぐためにも大切です。ベランダでは高さで風の強さが異なるので、鉢を棚の上側に置くなどの細かな工夫も効果があります。また、ハンギングバスケットの要領で、手すりの内側に鉢を固定し、株に風が当たりやすくする方法もあります。

置き場の空気がよどみがちなら、サーキュレーターや小型のファンなどを使って空気を動かすとよい。

水やり

乾燥してからの水やりは
メリハリが大事

●水やり過多は間のびの原因に

アガベの原産地は乾燥地帯が多いため、栽培では水やりを控えめに、と考えがちです。しかし、大きく成長させ、株姿を美しく保つためには、生育期には水をたっぷりと与え、そのあと鉢土をしっかりと乾かす、メリハリのある水やりを心がけます。

鉢土がなかなか乾かなかったり、鉢土が乾く前に水を与えたりしていると、アガベは水分を吸いすぎて葉が長細く間のびし、締まりのない株姿になってしまいます。また、鉢土の乾きが悪いと根が呼吸できず、根腐れの原因にもなります。

鉢土の乾く速度は、天気や気温、風通し、使用した資材や鉢の特性、アガベの種類などによって、大きく異なります。何日ごとに1回と決めないで、株の様子と鉢土の乾き具合を観察して、それぞれの時期で水やりを調整していきます。

●天気予報にも気を配ろう

4月から梅雨入り前の6月上旬までと9月～11月は鉢土が内部まで乾いたら、株の上からたっぷりと水やりを行います。梅雨時期には晴れや曇りの日が続くときに水やりします。雨が続くときは与えません。7月下旬～8月下旬の猛暑時は雨が上がり、これから曇りや晴れになるときに水やりをします。たっぷりと与えることで、鉢内の空気(酸素)の入れ替えも重要です。

11月からは株の生育が徐々に緩慢になり、休眠期に入っていきます。鉢土の内部が乾いてもすぐには水を与えず、徐々に日をあけて、同時に水の量も減らしていきます。最も寒い1～2月は、寒さに弱い種類(54ページ参照)は水やりを控え、寒さに比較的強い種類(54ページ参照)は月に1～2回、水の量も鉢土が上から3分の1が湿る程度にまで減らします。3月は春の本格的な生育期への移行期間と考えます。

基本的に水やりは多く水を与えすぎて葉が間のびするよりも、葉に少ししわが寄ってから水やりを行うぐらいでかまいません。しかし、あまり水を控えすぎると真夏は葉焼けを起こしやすくなるので注意が必要です。日ごろから天気予報に気をつけ、鉢土が過湿にならないよう、先を読んだ水やりを心がけましょう。

園芸用の鉢トレイを2枚重ねにして鉢を入れ、浮かした状態にすると、鉢底穴からの乾きが改善され、株の生育がよくなる。

鉢と培養土

水やりを
大きく左右する

●根が健全に育つ鉢を選ぶ

　鉢は観賞の観点から、株姿によく合っ
たものを選びましょう。日常の栽培であれ
ば、市販のプラスチック鉢でも十分です。
私は栽培用として、比較的安価な縦長の
黒いプラスチック鉢を使用しています。

　黒い鉢を使うのは、日光が当たると鉢
土が温まりやすいからです。一般の草花や
花木では、夏の蒸れを防ぐため、黒い鉢は
避けられますが、アガベの場合は、春や秋
の生育期に根を温めると生育がよくなり、
健全な株に育つ利点があります。遮光ネッ
トを張って強い日ざしを防ぎ、乾かし気味
に管理するので、黒い鉢によってアガベの
根が傷む心配はほとんどありません。

　植え替え時に新しい鉢を選ぶ場合は、
鉢の口径が株の直径の一回りから二回り
大きなもので、株の葉先が鉢縁内にぎりぎ
り収まるか、少しはみ出す程度のものを選
びます。株をそれ以上大きくさせたくない
ときは、植え替え前と同じ大きさの鉢を選
びます。

●培養土は水はけを重視

　アガベの根は、エケベリアやサボテンな
どと比べるとやや太めで、根張りも強く、比
較的丈夫だといえます。市販の多肉植物
用培養土を利用できますが、より水はけを
重視して、粒子が細かいものよりもやや粗

鉢は水はけさえがよけれ
ば、どんな器でも使える。
陶器のコップや湯飲み
は、底にドリルなどで穴
をあければ使用できる。

めのものを選ぶとよいでしょう。市販の培
養土によっては粒子の細かいものもありま
すが、その場合は軽石小粒を1～2割程度
加えるなどして、水はけを改善します。

　栽培に慣れてきたら、自分の栽培環境
に合ったオリジナルの培養土をつくるとよ
いでしょう。65ページで紹介した培養土
は、軽石の割合をふやし、水はけを重視し
たブレンドにしています。

　栽培家のなかには、基本の培養土に使
う軽石を中粒にし、水はけと通気性のよ
いパーライトを加えるなどして、さらに水は
けをよくしている方もいます。水やりの回
数や水の量は多くなりますが、鉢内に余
分な水分が残らないため、株を引き締まっ
た状態で維持しやすくなります。また、根
が空気に触れて呼吸しやすくなるためか、
株も健全に育つようです。栽培環境ととも
に、水やりなどの手間も考えながら、自分
好みの培養土をつくるとよいでしょう。

肥料の施し方

植え替え時の元肥がメイン

●緩効性の肥料を用土に混ぜる

　本書では年1回の植え替えを行うことをおすすめしています。本格的な生育が始まる春（3〜5月）の植え替えを基本と考えて、春に作業を行えなかった株を秋に植え替えます。

　植え替え時に使う培養土にあらかじめ元肥を混ぜておきます。私は有機質固形肥料（N-P-K=2.5-4.5-0.7）を規定量を施していますが、より入手しやすい緩効性化成肥料（N-P-K=6-40-6など）を使用してもかまいません。水やりの頻度にも左右されますが、肥料の効果は数か月から半年程度は持続します。

　大株にする目的で大きめの鉢に植え替えた場合などは、植え替えを2年に1回にすることもあります。その場合は、前回の植え替えから1年がたったら、春と秋の生育期に上記と同じ緩効性化成肥料を置き肥するか、液体肥料（N-P-K=6-10-5など）を規定倍率よりも薄めにして、水やり代わりに月2回程度施します。

●チッ素成分の施しすぎに注意

　気をつけたいのは、必要以上の肥料を施さないようにすることです。日光に十分に当てないで、肥料を多く施したり、鉢土を常に湿りがちにして、水分に溶けた肥料分を根が吸いやすい状態にしたりしていると、葉が間のびして株姿を大きく乱す原因になります。逆に日光によく当て、メリハリのある水やりを行えば、適度の肥料は株の充実につながり、アガベは引き締まった美しい株姿になります。

　栽培家のなかには、通常は肥料を施さない夏にも少量の施肥を行う方もいます。この場合の肥料はリン酸成分とカリ成分がメインで、チッ素成分をほとんど含まないもので、速効性の固形肥料を置き肥するか、液体肥料を水やり代わりに数回施します。

　この方法は分量の加減が難しく初心者にはおすすめしませんが、何年も栽培を行い、日当たりや風通し、水やりなどの通常の管理を十分に行えるようになれば、プラスアルファの方法として、さらに美しい株姿をつくるのに役立ちます。

column

肥料成分について

　肥料に含まれる成分はN-P-Kの成分比で表示される。

●チッ素（N）…タンパク質の材料になり、葉や茎が大きく育つ。過剰は徒長の原因に。水に溶けやすく流れやすい。

●リン酸（P）…エネルギー代謝に欠かせない成分で、生育が活発になる。

●カリ（K）…根の発育に役立つ。

●そのほか、マグネシウム（Mg）、カルシウム（Ca）、鉄（Fe）などの要素も大切。

あると便利な道具

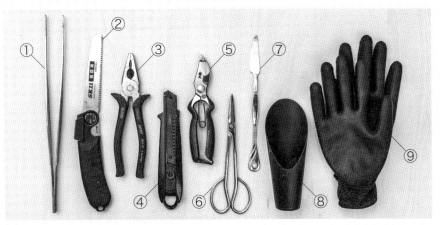

①ピンセット。とげに邪魔されず、奥まった下葉を取ったり、根の整理などをしたりするときに便利。

②小型のノコギリ。胴切りなどに使う。それほど大きなものを切ることはないので、小型でハンディーなものが使いやすい。

③ペンチ。下葉の除去時など、指ではつかみにくいものをこれで挟む。

④カッター。傷んだ葉を切ったり、胴切り時に茎をそいで整えたり、縦割りで株を切断したりするのに使用。ナイフでもよい。

⑤剪定バサミ。傷んだ葉や茎を切ったりするのに使う。鋭利なもののほうが、切り口は傷まない。

⑥ハサミ。葉を切ったり、根の整理をしたりするときに使う。

⑦メス状のカッター。先端だけに刃がついたもの。株分け時に親株と子株のつなぎ目を切るなど、狭い場所で使いやすい。

⑧土入れ。植え替え時に使用。用途に合わせてサイズの異なるものがいくつかあると便利。

⑨ゴム製の手袋。先端のとげや鋸歯が手に刺さらないよう、厚手のものを利用。

使用前、使用後にはよく消毒

植え替えや株分けの作業時に、道具によっては病原菌やウイルスを媒介することがある。特に刃先で植物に触れるときは、内部に病原菌やウイルスが入り込みやすいので注意が必要。

作業前には、カッターの刃先やピンセットの先など、植物に直接触れる部分をライターの火であぶるか（写真）、アルコール消毒液に浸すなどして、よく消毒する。また、複数の株を植え替える場合など、異なる株に触れる前には忘れずに消毒を行う。

アガベ栽培

Q&A

Q 庭植えで育てたい

アガベを庭植えで育てるには、どのようにすればよいでしょうか。

A 種類をよく選び、水はけに気をつける

原産地のアメリカやメキシコなどでは自然の中で育っているアガベを見ることができるほか、個人の庭やナーセリー、植物園などではガーデン素材として庭植えで育てられています。

しかし、日本では降雨量が多く、夏は高温多湿のため、庭植えで育てられるのは雨ざらしにしても葉が傷まない丈夫な種類に限られます。また、耐寒性の強い種類でなければ、強い寒波に襲われると、葉が傷んだり、株が枯れたりしてしまいます。

栽培する地域の最低気温を考えながら、雨ざらしでもよく育つ種類を選びます。関東地方以西であれば、アオノリュウゼツ

庭植えの例。華厳（下）と吉祥天（上）。石で囲んだ場所を盛り上げて水はけをよくして植栽。周囲にはセダムなどを植えて雨の泥はねを抑えている。

植え場所を掘る

根鉢はあまりくずさなくてもよい

30cm

50〜70cm
（株の大きさによる）

水はけをよくして植えつける

掘り上げた土に大粒の軽石などや、土壌改良用に腐葉土を混ぜて、埋め戻す

ランや華厳などのアメリカーナの仲間、パリーの仲間では吉祥天、そのほか、滝の白糸、レチュギラ錦、オバティフォリアなどが栽培可能です。順調に育つと、鉢植えの株よりものびのびと育ち、種類の特徴も現れやすく、美しい株姿になります。また、大型種本来の迫力ある姿は庭植えでなければ楽しめません。

植えつけは真夏の高温多湿の時期を避け、夏までに十分根づくことのできる3〜4月か、冬の休眠期までに根づくことのできる9月に行います。

植えつけ場所は、日なたで風通しがよく、水がたまらないところを選びます。周囲の地面よりも高く盛り上げたり、傾斜をつけたりすると水はけはさらによくなります。デザインにこだわって周囲に大きめの石や岩を配置したり、乾燥地の植物をいろいろ植えたりして、ドライガーデンづくりを楽しんでもよいでしょう。

なお、植えつけ後の1〜2か月は遮光率10％程度の白い遮光ネットをかけておくと、根づくまでに葉が傷まず、安心です。

Q チタノタをかっこよく育てるには

チタノタを育てていますが、なかなか引き締まったかっこいい株姿になりません。どこに気をつければよいのでしょうか。

A 水はけをよくして、長時間日光と風に当てる

チタノタ（20ページ参照）は近年、特に人気の種類ですが、ほかのアガベと比べると少しデリケートな性質をもっています。栽培の違いが株姿に現れやすく、条件が悪いと葉がすぐに間のびします。その分、栽培の腕の見せどころで、チタノタらしい引き締まった荒々しい株姿に育てられると喜びは格別です。

傷みやすいのは、葉がやや薄めで密にくっつき合い、ロゼットが立ち上がり気味のお椀状になっているからです。そのため、ほかのアガベに比べて、中央部に水が集まりやすく、日照が不足したり風通しが悪いと葉のつけ根が湿ったままで乾かず、炭そ病などが発生して、下葉が傷んでしまいます。できるだけ雨が当たらない場所で育てます。

水やりは栽培のベテランでも大いに苦心する点です。チタノタは水を多く与えすぎてしまうと、葉が水ぶくれになり、日光を長時間当てても、すぐに徒長してしまいます。多くのアガベは10〜20％の遮光下で育てますが、チタノタに関しては、ほぼ直射に近い状態で日光を当てて育てるのがいいようです。その代わり、サーキュレーターなどで風を直接当てるなどして、極度の高温になるのを避けています。この方法は葉焼けのリスクが高く、また株の中の水が足りなくなると葉が薄くなり、内側に巻いて全体の姿が悪くなるおそれもあります。

基本は、昼と夜の気温の差が大きく、よく成長する春と秋に、ほかのアガベよりもいっそうメリハリの効いた水やりを行うことです。水をたっぷり与えたあとは、できるだけ速やかに鉢土を乾かします。

一つの方法としては、水はけをさらによくした培養土を用いることです。通常の培養土から、軽石の割合をさらに10％程度ふやしたり、パーライトを少量加えたりするとよいでしょう。遮光率10〜20％の日光にできるだけ長時間当て、風通しを十分に図ると、美しいロゼット形が保て、しかもワイルドな鋸歯が出て、チタノタならではの荒々しい姿に育ちます。

冬はできるだけ、その株姿を保ちます。氷点下になると霜焼けを起こすので、最低気温5℃を目安に室内に移動させるなど、寒さ対策も大切です。冬の間もできるだけ日照時間を長くしていると、春になって新葉が短くまとまり、鋸歯が引き立ちます。

傷んだ笹の雪の仕立て直し

この状態で育てると、葉がふえるにつけて形が戻る

葉が傷んだ部分
ここから下の葉はすべてつけ根から取り除く

Q 笹の雪の葉が傷んできた

笹の雪が、株の中間あたりから葉が傷んできました。どうすればよいでしょうか。

A 傷んだ葉は柔らかくなってから取り除く

笹の雪（43ページ参照）は何年も育てていると、葉がふえて放射状に広がり、次第に見事なドーム状の株に育ちます。葉は厚くて株の中心部にすき間がほとんどないのが特徴で、株が大きくなるほど、葉のすき間に水がたまりやすい形になっていきます。そのため、下葉ではなく、株の中ほどの葉が急に茶色になって傷んで、枯れることが多くなります。

栽培は一年中、雨の当たらない場所で育てます。しかし、笹の雪の場合、雨よけをしていても湿度が高くなり、蒸れると葉の傷みが発生することがあります。また、風通しに気をつけていても、日光の当たらない側の葉が枯れることもあり、なかなか原因を特定できません。私の経験では、笹の雪の仲間でも、白覆輪の氷山などよりも、標準種の笹の雪、コンパクタ、黄覆輪などが蒸れにやや弱い傾向があるようです。

葉の傷みは、放っておくと隣の葉に広がり、株姿を大きく損ねることになります。傷んでいる葉に気づいたら、少し柔らかく

なった段階で葉を左右に動かせば、つけ根から取り除くことができます。ほかの葉が健全であれば、葉が抜けた部分は、成長とともに目立たなくなります。

病原菌がすでに広がっていると、葉が何枚も連なって傷むことあります。その場合は思いきって、傷んだ箇所から下の葉をすべて取り除き、風通しをよくして病気の拡大を防ぎます（イラスト参照）。

笹の雪は「胴」に当たる茎が短く、球状の株の奥深くにあり、胴切り（84〜86ページ参照）による仕立て直しは簡単ではありません。上記のまま栽培を続け、上の葉が展開するのを待つのが現実的です。

なお、予防としては、チタノタなどと同じように、培養土の軽石の割合をふやしたり、パーライトを少量加えたりして、乾きやすい培養土を用い、株周辺の湿度を少しでも抑えます。サーキュレーターなどを使って、風通しをよくすることも大切です。

ちなみに、笹の雪は植え替え後、下葉が1周枯れることがたまにあります。その場合、枯れた下葉を取り除き、株を鉢から抜いて根を確認し、大丈夫なら、植え直して養生します。植え替え時に根を多めに残すと、下葉の傷みは抑えられます。

Q 斑入り品種は育て方が違う?

種類を集めているうちに、斑入り品種がふえてきました。斑入り品種は斑の入っていない普通の品種と同じ栽培方法でよいのでしょうか。

A 基本の栽培法は同じ。遮光には配慮する

斑入り品種は斑の部分には葉緑素がないので、普通の品種と比べ、生育がゆっくりだったり、暑さ寒さに弱かったりする場合があります。とはいえ、アガベの場合、斑入りだからといって、置き場を別にするなど、環境を大きく変える必要はありません。

斑入り品種を大切に育てるなら、通常は5月から遮光のための遮光ネットをかけるところを4月下旬からに早めたり、その後、日ざしが強くなってからは遮光率をほかの種類よりも10%程度高くしたりすると安心です。

例外は人気品種のピンキーです。王妃笹の雪A型の斑入り品種ですが、夏の強い日光と暑さを嫌い、少し蒸れただけで下葉から溶けて、全体が枯れてしまうことがあります。遮光ネットは遮光率30〜40%と通常よりも暗めにしてできるだけ涼しくし、風通しにも十分気をつけましょう。

Q 下葉が次々と枯れてきた

下葉が次々と枯れて、残っている緑の葉もしわが寄ってきました。水やりをしっかり行っていますが、変化がありません。

A 植え替えるか胴切りで対処

1年以上、植え替えを行っていないのではないでしょうか。アガベは根の張りが旺盛で、植え替えを怠るとすぐに根が鉢の中いっぱいになって、根詰まりを起こします。そうなると、水を与えても十分に吸えず、下葉が枯れ、残った葉も色が悪くなったり、しわが寄ってきたりします。前回の植え替え時に、株の大きさに対して小さめの鉢に植え替えた場合も根詰まりが起こりやすくなります。

植え替え適期の3〜5月か9〜10月を待って、傷んだ下葉をすべて取り除き、根を整理して植え替えます（62〜64ページ参照）。下葉の枯れがひどい場合は、胴切りを行います（84〜86ページ参照）。

根詰まりを起こした株。ここまで根が張ると、十分に水を吸えなくなる。根は枯れていくが、下葉の枯れた間から新根が出ていることもある。

Q 簡易温室を
うまく使うには

冬の間の管理を楽にするために簡易温室を設置しようと考えています。栽培で気をつける点はありますか。

A スペースに余裕のある
大きめのものを使う

　市販の簡易温室には、さまざまなものがあります。スタンド型の簡易ビニール温室は、できるだけ大きなものを選びましょう。ハオルチア、エケベリアなど小型の多肉植物は小型の簡易ビニール温室でも十分ですが、アガベは株も一回り、二回り大きく、株をいくつも置くと内部の空間に余裕がなくなり、風通しが悪くなって蒸れやすくなります。何段も棚があるものや人が内部に入れるぐらいのものがよいでしょう。

　冬も日光によく当てることが大切なので、簡易温室は日なたに設置します。日中は日光で内部の温度が上昇するため、扉や窓を朝には開け、夕方には閉める作業が必要になります。開け閉めのタイミングやどの程度まで開けるかなどは、季節ごとに天気や気温の変化を見ながら調整します。簡易温室は小さいものほど温度変化が急激で、夜の保温効果も限られるため、管理が難しくなります。

　アガベの場合、冬に大切なのは雨と霜に当てないことです。寒さに比較的強い種

類（54ページ参照）なら、透明なビニールを上方と側面に張っただけのものでも、十分に冬越しができます。スペースに合わせた手づくりの簡易温室もおすすめです。

簡易ビニール温室は、なるべく大きなものを選ぶ。

内部に最高最低温度計を置いて、温度を確認するとよい。

Q マンションで
育てたい

マンション住まいですが、アガベは育てられるでしょうか。育てるための注意点を教えてください。

A ベランダなどを
活用して
できるだけ日光と
風に当てる

　都市部のマンションで多肉植物を栽培して楽しむ方がふえています。ハオルチアなどであれば、ベランダや窓辺を活用した

り、植物育成用のLEDライトを用いたりすれば栽培は可能で、実際、美しい姿に育てている方もいます。

アガベはハオルチアやエケベリアなどよりも、さらに日光や風によく当てる必要があり、条件が悪いと株姿をくずしやすい傾向があります。室内だけで育てるとどうしても日照不足に陥り、最初のうちはよく育っているように見えても、新葉が細くなって徒長し、枚数を重ねるうちにだんだん小さくなって、「作落ち」していきます。そうなると株の体力もなくなって、病害虫の被害にあいやすくなってします。かっこよい株姿を楽しむには、室内だけでの栽培では難しいといえます。

やはり基本に忠実に、戸外で長時間の日光（時期によっては遮光も必要）と自然の風によく当てて栽培するようにします。できるだけベランダを利用し、日陰になる時間帯は日光のさし込む室内の窓辺へ移動させるなどします。植物育成用のLEDライトには頼りすぎず、あくまでも足りない日照時間を補うつもりで利用しましょう。室内に置いているときは、サーキュレーターや小型のファンで空気を動かすなどの工夫も大切です。

Q　正確な名前がよくわからない

チタノタやオテロイ、パリーなどは、さまざまな名前のものが流通していますが、似たものでも違う名前がついていて、とまどうことがあります。正確な名前を知るにはどうすればよいでしょうか。

A　入手時に親をよく確認する

アガベはもともと古くから日本に導入され、園芸品種の選抜が進んできた歴史があります。特徴のある品種には名前をつけられて普及しています。また近年では、外国からの輸入株もふえたうえに、ネット販売などを通して個人で育てた株を売買する方も多くなり、新たにつけた名前がそのまま流通しています。特に人気のチタノタなどでは名前の混乱が目立ちます。もちろん、それぞれの株が気に入れば、名前にとらわれないで栽培しても問題はありません。

種類にこだわってコレクションするなど、正確な名前を知ったうえで栽培するには、しっかりとしたネームプレートがついていて、その株の親（交配種であれば交配親）が確認できるものを選びます。信頼できる販売店で実際に株を見て、名前を確認してから購入するのもよいでしょう。

なお、分類上の変更によって、従来の名前が変わることもあります。例えば、チタノタのなかでもシエラ・ミクステカ／FO-076のタイプは最近、オテロイとして新種登録されましたが、異論を唱える人もいて、現状としては決着を見ていません。

アガベ 学名索引

アガベ 和名索引

NHK 趣味の園芸

12か月栽培ナビ NEO

多肉植物
アガベ

2021年 8 月20日 第1刷発行
2024年 9 月30日 第8刷発行

著者／鶴岡秀明
©2021 Tsuruoka Hideaki
発行者／江口貴之
発行所／NHK出版
〒150-0042
東京都渋谷区宇田川町10-3
電話／0570-009-321（問い合わせ）
　　　0570-000-321（注文）
ホームページ
https://www.nhk-book.co.jp
印刷／TOPPANクロレ
製本／ブックアート

鶴岡秀明

つるおか・ひであき／1972
年、東京都生まれ。昭和5年
創業の多肉植物・サボテンの
老舗、鶴仙園の三代目。「サ
ボテン愛」をモットーに、てい
ねいに栽培、管理した丈夫な
株を販売する。近年、特にア
ガベやハオルチアに力を入れ
ており、販売している種の数
は日本有数。

鶴仙園
＜駒込本店＞
〒170-0003
東京都豊島区駒込6-1-21
☎03-3917-1274
＜西武池袋店＞
〒171-8569
東京都豊島区南池袋1-28-1
西武池袋本店9階屋上
☎03-5949-2958
https://sabo10.tokyo/
※2021年7月現在

アートディレクション
岡本一宣
デザイン
小埜田尚子、佐々木 彩
小泉 桜、清水麻里
（O.I.G.D.C.）
撮影
田中雅也
イラスト
楢崎義信
写真提供・撮影協力
長田清一、金子公信、長田 研、
瀧下拓也（ROUKA）、沼尾嘉哉、
甲斐千尋、長﨑全宏、
鶴岡貞男、鶴岡秀明
DTP
ドルフィン
校正
安藤幹江、髙橋尚樹
編集協力
三好正人
企画・編集
宮川礼之（NHK出版）